彩色铅笔绘图　趣味少儿科普

从小爱看的彩绘小百科

宇宙星空

王平辉
姬　玉　主编

重庆出版集团　重庆出版社

图书在版编目（CIP）数据

宇宙星空 / 王平辉，姬玉主编．— 重庆：重庆出版社，2017.8（2018.8 重印）

ISBN 978-7-229-12192-1

Ⅰ．①宇… Ⅱ．①王… ②姬… Ⅲ．①宇宙—少儿读物 Ⅳ．①P159-49

中国版本图书馆 CIP 数据核字（2017）第 077248 号

宇宙星空
YUZHOUXINGKONG
王平辉　姬玉　主编

责任编辑：周北川
责任校对：李小君
装帧设计：王平辉

重庆出版集团
重庆出版社　出版

重庆市南岸区南滨路 162 号　邮政编码：400061　http://www.cqph.com
重庆豪森印务有限公司印刷
重庆出版集团图书发行有限公司发行
E-MAIL：fxchu@cqph.com　邮购电话：023-61520646
全国新华书店经销

开本：710mm×1000mm　1/16　印张：12　字数：90 千
2017 年 8 月第 1 版　2018 年 8 月第 2 次印刷
ISBN 978-7-229-12192-1
定价：26.80 元

如有印装质量问题，请向本集团图书发行有限公司调换：023-61520678

目录 Mu Lu

宇宙是这样的呀 01

银河系原来这么大 39

哇！恒星和星云 61

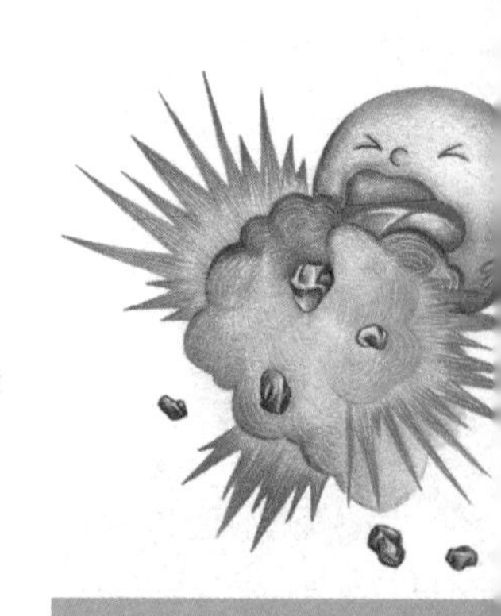

仰望行星家族 99

人类的太空之旅 137

1 宇宙是这样的呀

yu zhou shi zhe yang de ya

宇宙是怎么诞生的

“起源”问题一直是人们最喜欢关注的问题之一，因为凡是存在过的事物，都一定有它的历史。人类的起源、动物的起源、植物的起源、地球的起源，诸如此类的很多问题，人们都根据已知的大量事实作出了种种的推测。那么，包罗万象的宇宙也有起源吗？它是永恒的，还是也会消亡呢？

其实，很久以前，当人们面对蓝天白云和璀璨的星空时，就对头顶那片视线达不到的宇宙空间充满了好奇，那里有什么样的景象？那里是一个怎样的天地？那里有没有住着什么人或者物种？而这一切的疑问，都需要人们通过想象力来解答。如今，随着科技的进步，人们已经可以通过望远镜来

观看好几亿光年以外的东西，而宇宙的起源问题，人们也给出了不少的假想：

第一种是“宇宙大爆炸”假说。这种观点认为：宇宙是由一个温度极高、密度极大的密闭火球爆炸之后所形成的。这种观点是目前大多数人认同的观点。

第二种是“宇宙永恒”假说。这种观点认为：宇宙没有起源也没有毁灭，它是永恒存在的。就连宇宙中的星体也都是处于一种稳定运动之中，即便是有天体毁灭了，也会在别的地方产生一颗新的天体。

第三种是“宇宙层次”假说。这种观点认为，宇宙是由多层结构体组成的。假如恒星是一个层次，而恒星所组成的星系形成了一个新的层次，星系组成的星团又是一个新层次……

……

这些假说都有一定的事实作为支撑，但是还缺乏一定的科学性。因此，宇宙的起源问题仍然是一个谜团。

宇宙也有"名片"吗

在日常的工作中，大人们一般都有属于自己的名片，那么宇宙也有"名片"吗？宇宙的"名片"又是怎么一回事呢？

这要从1977年美国宇航局发射的两颗"旅行者"号星际探测器说起。在当时所发射的每颗探测器上，都被放置了一些特殊的"名片"，这些"名片"由金属制成，成盘状，上面记录着地球人类的信息。当然，放置这些"名片"的目的就是为了让那些收到"名片"的可能存在的外星智慧生命了解人类和地球。

这些大小为15cm×23cm的镀金铝质金属盘上记录着一定的信息和图案。如果真的有外星生命能够看到这些金属盘，他们会从上面了解到地球人类是如何发射探测器的、地球人类是怎样的等等一系列信息。在这些"名片"中，最让人们感觉到惊讶的是男人和女人的裸体图像，科学家认为，这上面的信息可能是令外星人最困惑不解的了。甚至还有人觉得，美国宇航局竟然将他们的色情作品传递到宇宙中去了呢！科学家认为这组图像非常好地描述了人类的性别特征。

还有一张宇宙"名片"上记录的信息是关于人类繁殖的。上面展示了精子和卵细胞是如何结合的，还展示

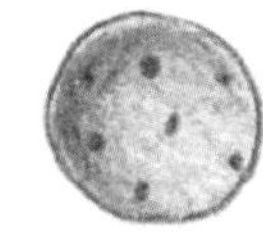

了胎儿发育的过程。其他一些宇宙“名片”上还记录了一些数学知识、生物进化知识、人类日常生活等信息。

科学家认为，这些宇宙“名片”能够向外星人反映地球上的人类文明，虽然数量非常有限，但却有着非凡的意义。

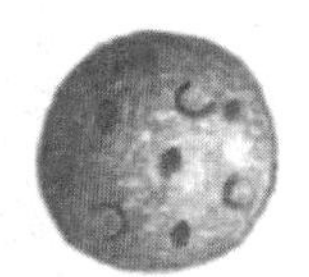

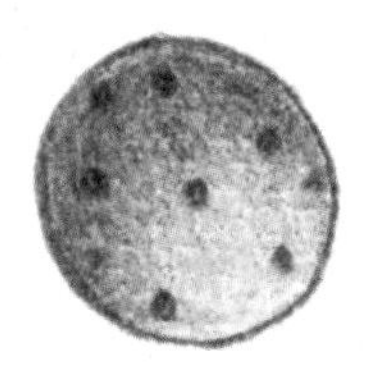

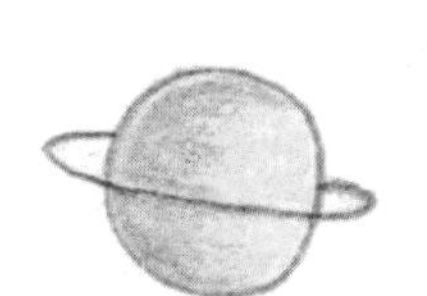

什么是“宇宙大爆炸”

我们说，迄今为止，“宇宙大爆炸”学说是最被人们认同和熟知的宇宙起源假说，那么，到底什么是宇宙大爆炸呢?

部分科学家推测，在大约 200 亿年前，如今的星体、尘埃、星际云等所有的天体都处于一个密闭的空间中。那时它们的温度很高、密度很大，是最原始的火球。但是，不知道是什么原因导致了火球的爆炸，于是组成火球的所有物质都被震得飞了出去，遗落到远近不同的角落里。也是在爆炸之后，原本温度极高的组成体的温度降了下来，而随着温度的降低，它们的密度也不同程度地降低了，并产生了质子、中子等微观粒子。在以后的时间里，悬浮在空中的各种微小颗粒逐渐聚集，最终形成了星云、星际云等天体。

这就是“宇宙大爆炸”假说。为了证实这种假说，科学家们采用了大

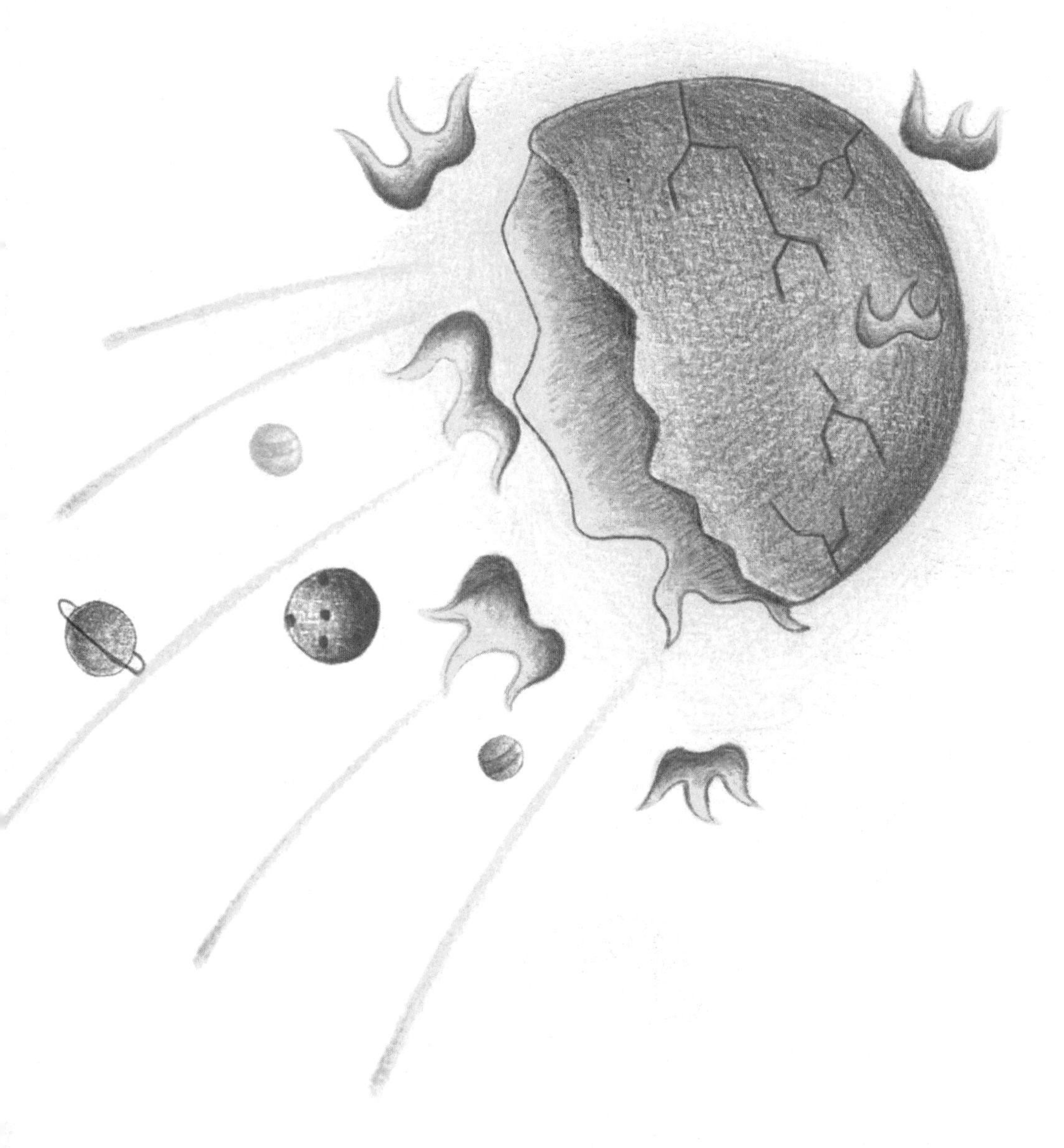

爆炸模型来演示宇宙的形成。有不少科学家们经过精确的计算和测量之后，都对大爆炸假说表示赞同和支持；然而还有一些科学家支持其他的一些宇宙形成假说。

尽管在之前相当长的一段时期内，科学界普遍已经接受大爆炸假说，但是随着科技的进步，大爆炸假说的一些问题也浮出水面，所以宇宙的起源问题一直未能得到令人满意的答案。

什么是宇宙的“黑暗时代”

我们知道，在人类历史中，有一段被称为“黑暗时代”的时期。可是，宇宙也有“黑暗时代”吗？宇宙的“黑暗时代”是怎么回事呢？

我们上面提到现在被科学界普遍认可的宇宙起源假说便是大爆炸理论，该理论认为：在很久很久之前，一个非常小的点爆炸之后，形成了我们现在的宇宙。在大爆炸刚发生的时候，宇宙是非常明亮的，可是随着爆炸的影响，宇宙不断膨胀，大约 40 万年之后，宇宙开始变得一片黑暗。这个黑暗时期就被称为宇宙的“黑暗时代”。

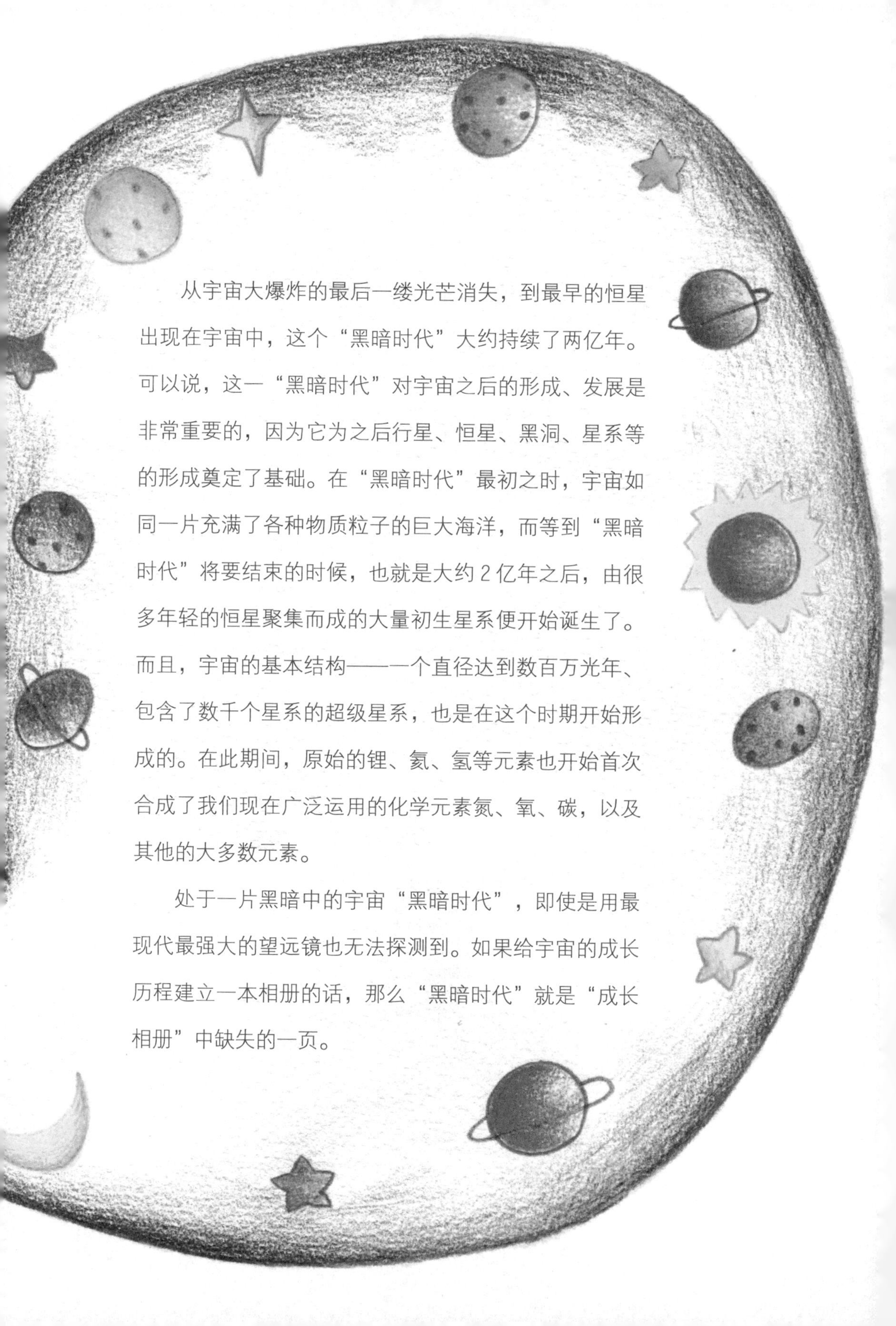

从宇宙大爆炸的最后一缕光芒消失，到最早的恒星出现在宇宙中，这个“黑暗时代”大约持续了两亿年。可以说，这一“黑暗时代”对宇宙之后的形成、发展是非常重要的，因为它为之后行星、恒星、黑洞、星系等的形成奠定了基础。在“黑暗时代”最初之时，宇宙如同一片充满了各种物质粒子的巨大海洋，而等到“黑暗时代”将要结束的时候，也就是大约2亿年之后，由很多年轻的恒星聚集而成的大量初生星系便开始诞生了。而且，宇宙的基本结构——一个直径达到数百万光年、包含了数千个星系的超级星系，也是在这个时期开始形成的。在此期间，原始的锂、氦、氢等元素也开始首次合成了我们现在广泛运用的化学元素氮、氧、碳，以及其他的大多数元素。

处于一片黑暗中的宇宙“黑暗时代”，即使是用最现代最强大的望远镜也无法探测到。如果给宇宙的成长历程建立一本相册的话，那么“黑暗时代”就是“成长相册”中缺失的一页。

为什么宇宙是黑色的

从太空拍下来的宇宙照片中，我们可以发现一个现象：所有宇宙照片的背景都是黑色的，就像是夜晚拍摄的天空一样。这让我们非常不理解，宇宙中有那么多的恒星，而恒星都是发光体，为什么宇宙不能被照亮呢？

其实，“宇宙为什么是黑色的”这一问题还是需要从宇宙大爆炸中寻找答案。据说大爆炸后的30多亿年中，还没有产生发光体，所以宇宙处于一片黑暗之中，那是宇宙的“黑暗时代”，到了后来，才逐渐产生了恒星这种发光体。那么现在，为什么宇宙还是黑暗的呢？

1823年，德国天文学家奥伯斯作出这样一种假想：如果宇宙的密度是均匀的，那么正常情况下，不论望向天空中的哪个位置，我们都能发现发

光体。也就是说，宇宙即便不能像白天一样亮，也不至于如此黑暗。可是，现实为何与假想完全不同呢?

这是因为宇宙的密度并不均匀，恒星的分布规律也无迹可寻，有的地方可能是天体的聚集地，而有的地方的天体数量非常少。同时，人们一直认为，由于宇宙还在不断地膨胀着，所以所有的天体都正在远离人们，而宇宙膨胀的速度大于光线传播的速度，所以即便宇宙中有很多发光体，它仍然有无法到达的地方。再加上很多恒星都是有一定寿命的，而光线在传播的过程中或许被一些不发光的星体所吸收，所以它根本没有办法将宇宙照亮。这样，我们一般看到的宇宙图片就是黑暗的背景色了。

黑洞是个洞吗

现实世界中的黑洞也许很多人都见过，它就是一个漆黑的、没有光线的洞。可是科学家们所热衷研究的宇宙黑洞也是这样的吗？我们先来看看它的神奇能力吧！

人们猜想，黑洞其实也是一个天体，只不过相对于其他天体来说，它的吸力更强。强到任何物体都能被吸引进去，就连光线都能让它给吸得变弯曲了。而且，除了有极大的吸引力，它还会“隐身术”，人们根本无法观察到它的存在。那么，黑洞是怎么形成的呢?

黑洞的形成与恒星的衰老有着非常紧密的联系。当一颗恒星经过了无数的岁月，慢慢变得衰老时，它内在的燃料（氢）已经快要耗尽，由燃料支撑的热核反应也无法再继续，由此产生的能量也被消耗得差不多了。

如此一来，这颗恒星便失去了足够的力量来支撑自己的重量。于是，在巨大外壳的重压之下，恒星的核心无力支撑，只能开始坍缩，外壳里的物质势不可挡地向着中心坍塌下去，而坍塌的最终结果，便是形成了一个密度接近无限大、体积几乎无限小的星体。然后，随着这个形体一直收缩、收缩，直到收缩到一定的程度，因为质量而产生的时空扭曲就这样诞生了。这种空间扭曲吸引力非常大，大得连光线遇到它，也射不出去，这便是我们所说的“黑洞”了。

黑洞会越来越"胖"吗

黑洞就像一个宇宙中的无底洞，能够把碰到它的一切物质吸进去。那么，黑洞这么喜欢“吃”东西，它会不会慢慢变“胖”呢？

这个问题的答案是肯定的。不过，针对这个问题，很多人又陷入了一个误区，他们只去计较黑洞吞噬了物质之后，本体增加了多少，却忽略了黑洞视界的存在。

什么是黑洞视界呢？就是黑洞的边界。想要分析清楚吞噬物质对黑洞的影响，就不得不说到这个概念。因为我们能够观测到的其实都是黑洞视界的情况，所以很多人便会将黑洞视界误以为是黑洞。其实，它们之间并不能画等号。

黑洞之所以成为黑洞，关键是它的引力，而与星体本身的大小关系不大。引力大的黑洞，

视界自然也比较大。虽然黑洞会随着不断吞噬物质而变得越来越“胖”，但是它的引力本身和视界大小变化并不大。不过，黑洞吞噬掉的东西却能够对黑洞的演化产生影响，使其向着以下几个方向发展：

第一，如果黑洞在某一时期内“吃掉”了一些物质能量，而这些物质能量又不受它的控制，那么，其体内就可能会发生剧烈的活动，从而导致自身的引力发生紊乱。这样一来，它便不再是原来的黑洞了。

第二，黑洞想要维持自己的内部活动，也需要一定的能量推动，一旦在一定时期内它吃不够自己所需要的物质能量，自身的引力就会衰退，从而使原本的黑洞慢慢变成一个具有超大引力的恒星。不过，这种情况出现的概率很小，因为黑洞本身就是引力超强的时空“捣乱者”，它总是能够在适当的时间里“吃掉”自己需要的物质和能量，进而保证引力的平衡。

黑洞为什么会喷宝石

我们都知道宝石是天然的瑰宝，或晶莹剔透，或色彩绚烂，令人爱不释手。不过，你听说过黑洞会喷宝石吗？如果知道了这一点，你会不会对宇宙黑洞更感兴趣呢？

很多天文学家发现：一些质量非常大的黑洞简直就像一个庞大的“宝石制造工厂”，会喷出大量的蓝宝石、红宝石和各种各样的水晶！

一个由多国研究人员组成的研究小组在观察一颗类星体时，发现了红宝石、水晶、大理石等矿物质的存在痕迹。因为太空环境非常恶劣，所以这些物质根本无法长久存在，因此科学家推断它们都是刚刚产生的，而且是在黑洞中形成的。类星体的内部结构呈螺旋状，中心是一个质量非常大的黑洞，有环状的星云围绕在周围。

科学家认为类星体是目前已经知道的最明亮、最活跃的处于形成期的星系。而它之所以会喷出宝石，是因为黑洞超强的吸引力将各种物质都吸进其中，而在吸引的过程中，又产生了强大的黑洞风，黑洞风将一些物质带进黑洞，又将黑洞里的一些物质吹了出来。在宇宙永不停止的演变过程中，一些新的物质和元素就这样形成了，也就是我们所看到的黑洞中喷出来的宝石。

什么是白洞

早在 20 世纪中期，人们已经开始探索黑洞。于是，有天文学者根据相对论，提出了白洞理论，也就是说，白洞是在高能天体物理研究下产生的一个猜想。

既然白洞是从黑洞学说衍生出来的，其特征自然与黑洞密不可分。黑洞最鲜明的特点是其无比强大的吸引力，不管什么物体靠近都会被吸进去；并且，黑洞还在自己周围形成了一个非常鲜明的边界，这个边界是封闭的。只要接近这个边界，就会被吸入黑洞，并且再也出不来了。而白洞也有自己的边界线，只不过白洞在自己的“势力范围”内行使着与黑洞完全相反的“职责”，白洞像源泉一样不断向外喷射出很多物质，而且决不允许外界的物质进入自己的边界。正是由于白洞的这一特色，因此，它是可以见到的天体之一。

有人质疑白洞“只出不进”的特点：既然只出不进，岂不是说白洞也有枯竭的一天？如果白洞不会枯竭，一直源源不断地溢出，那么，它溢出的物质又是从哪里来呢？

为此，天文爱好者提出了一种假想：白洞与黑洞之间应该由一个特殊的通道相连接，这个特殊的通道人们暂且为它命名为“虫洞”或“蛀洞”，黑洞吸进去的物质，经由这条通道被传送到白洞。

当然了，不管白洞、黑洞还是虫洞，它们都只是科学家的猜想。

宇宙尘埃对人类有什么影响

很多人一定觉得，宇宙尘埃离我们太遥远了，即便它们有什么不好，也不会影响到人类的正常生活，真的是这样吗?

在茫茫宇宙之中，除了分布着各种各样的小行星、大行星、恒星、彗星等天体之外，还有着许许多多的宇宙尘埃。它们是一些金属和岩石颗粒，外表看起来都非常不起眼。不过，这些看起来毫不起眼，又离我们非常遥

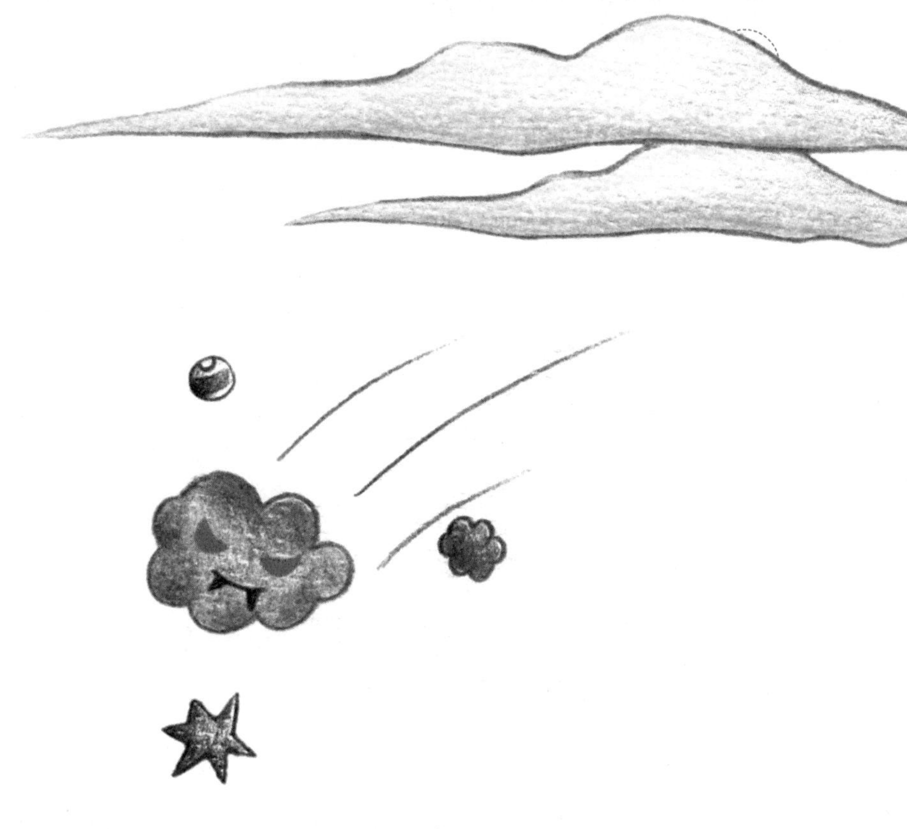

远的宇宙尘埃，实际上却对地球有着不可忽视的影响呢。

在物质组成上，地球的组成成分与宇宙尘埃其实没有什么区别。也就是说，地球的组成部分，有些就是从宇宙尘埃而来的。据统计，每过一个小时，就会有约一吨重的宇宙尘埃来到地球。

为了研究宇宙尘埃对地球造成的长期影响，美国科学家还编制了一套特殊的计算机程序，专门模拟120万年来宇宙尘埃对地球造成的影响。计算机模拟运算显示，每过10万年的时间，宇宙尘埃对地球的影响就会达到一次高峰。科学家们认为，正是这些尘埃的不断堆积，才造成了古代的各种自然灾害。而古生物学家则证明，那些已经灭绝的动物和植物种类并不是突然间就消失的，而是经历了一个缓慢的过程，而这也和宇宙尘埃对地球的长期作用有关。

怎么样？看了这些，你还会认为宇宙尘埃对我们的影响微不足道吗？

宇宙中的星球为什么撞不到一起

宇宙中大部分的星球都很“安分”，运行轨迹非常有规律，在各自的轨道上规规矩矩地行进，很少有“偶遇”的机会。当然，也有例外的时候，就像马路上偶尔会发生交通事故一样。

就以我们的地球为例，若是有星球和地球靠得很近的话，也许两者还真有可能撞上。不过，即便是距离地球最近的月亮，与地球的平均距离也有将近 40 万公里呢。因此，相撞的概率其实非常非常小。

太阳离地球则有 1.5 亿公里左右，如果每天急行军 100 多公里的话，可能要走上 3000 多年。况且，地球也是一个规矩的“乖宝宝”，总是老老实实地围着太阳转，所以根本不会跟太阳撞上。至于太阳系的其他行星，在太阳引力的作用下，它们都有自己的运行轨道，所以彼此间也不会相撞的。

我们再来看看太阳系之外的其他星系。这些恒星之间的平均距离超过 10 光年，而且所有的恒星也都在按照固有的轨迹运行，绝不会不守交通规则，“变道”闯到其他恒星那里，从而造成严重“交通事故”的。

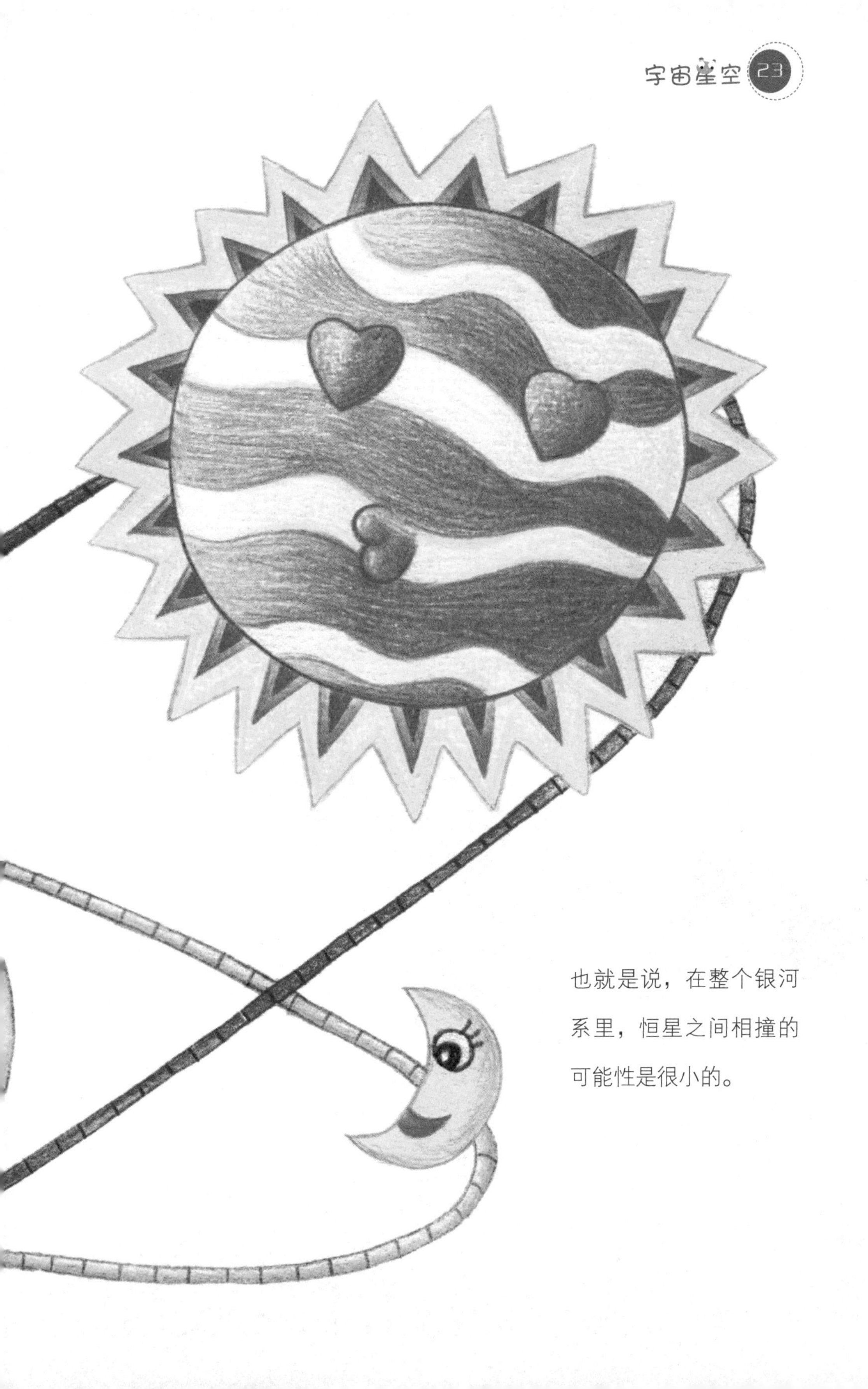

也就是说，在整个银河系里，恒星之间相撞的可能性是很小的。

最遥远的星系有多远

光年是一个长度单位，我们会在后文中详细介绍它的概念。对于人类而言，1 光年是一种难以想象的距离，那么，人类发现的最遥远的星系有多远呢？2012 年，澳大利亚一家媒体报道："欧洲和美国的科学家日前宣称，他们通过哈勃太空望远镜找到了迄今发现的最遥远和古老的星系，该星系距离地球有 132 亿光年。"

此消息一出，引起了人们的广泛关注。据了解，他们这次观察到的星系大约存在于宇宙大爆炸后的5亿年。这一时期对每一个爱好天文的人而言都很特别，因为此时恰好是宇宙摆脱黑暗的阶段。也就是说，宇宙以前完全沉浸在黑暗中，没有太阳、没有月亮、没有星星，到了这个阶段才开始慢慢挣脱黑暗的束缚，逐渐开始向人们展示群星闪烁的天幕。

科学家观测到来自于这一时期的星系，不能不说是人类研究太空史的重大发现，在宇宙起源的研究上具有很大的价值。为了捕捉到这丝微弱的光线，科学家可谓绞尽脑汁。为了验证这一星系的确实存在，他们在五个不同的波段上都监测到这一星系，进而论证了该星系存在的确定性。后来，科学家们发现，这一星系的年龄并不大，不超过2亿年。而且，这一星系的体积非常小，但是结构致密。

河外星系为什么被称为“宇宙岛”

20世纪20年代，一种名叫“造父变星”的天体被美国著名的天文学家哈勃发现，它存在于仙女座星系的庞大星云中。后来，人们根据这颗变星测算出星云的距离，进而验证了它是银河系以外的天体系统的说法，人们为其取名“河外星系”。河外星系还有一个可爱的名字，叫作“宇宙岛”，你知道这是为什么吗?

河外星系可以理解成位于银河系以外的星系，也可以简称为星系。河外星系的家族非常庞大，它的成员囊括了几十亿至几千亿颗恒星以及星云和星际物质。而目前科学家们估算出的河外星系的数量多达千亿以上，就像是海洋中星罗棋布的岛屿，因而也被称作“宇宙岛”。

“宇宙岛”有着非常鲜明的特色:

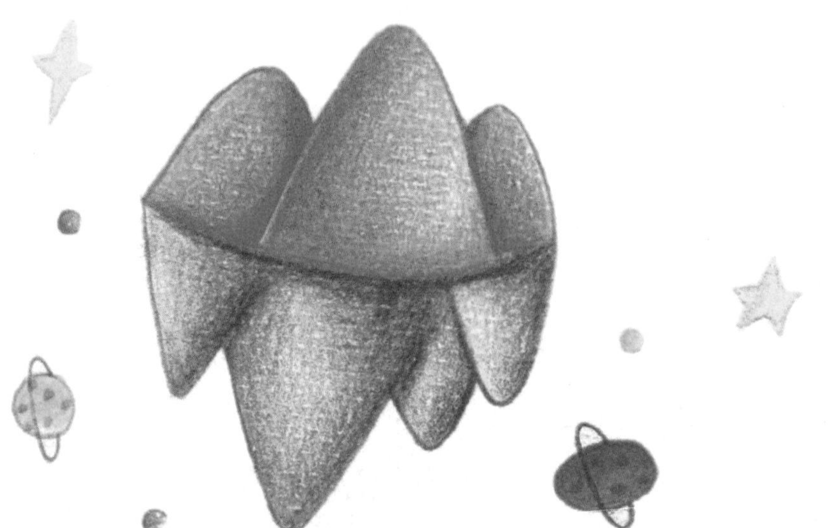

1. 不同星系的大小有着非常鲜明的差异，比如说，椭圆星系的直径大小在 3300 光年 ~ 49 万光年之间，而旋涡星系的直径一般在 1.6 万光年 ~ 16 万光年之间。

2. “宇宙岛”之间的质量也有着自身的差异。

3. “宇宙岛”本身在不断自转，星系内的恒星也在不停运动。

4. 从宇宙范围来看，“宇宙岛”的分布趋势呈现出均匀的状态，但是从小范围去看，它的分布又是不规则的。

5. 作为一种庞大的天体系统，“宇宙岛”也有自己从形成、演变到衰退的过程。

目前，科学家们发现的“宇宙岛”数量在 10 亿个左右，其中，最著名的有：仙女座星系、猎户座星系等等。

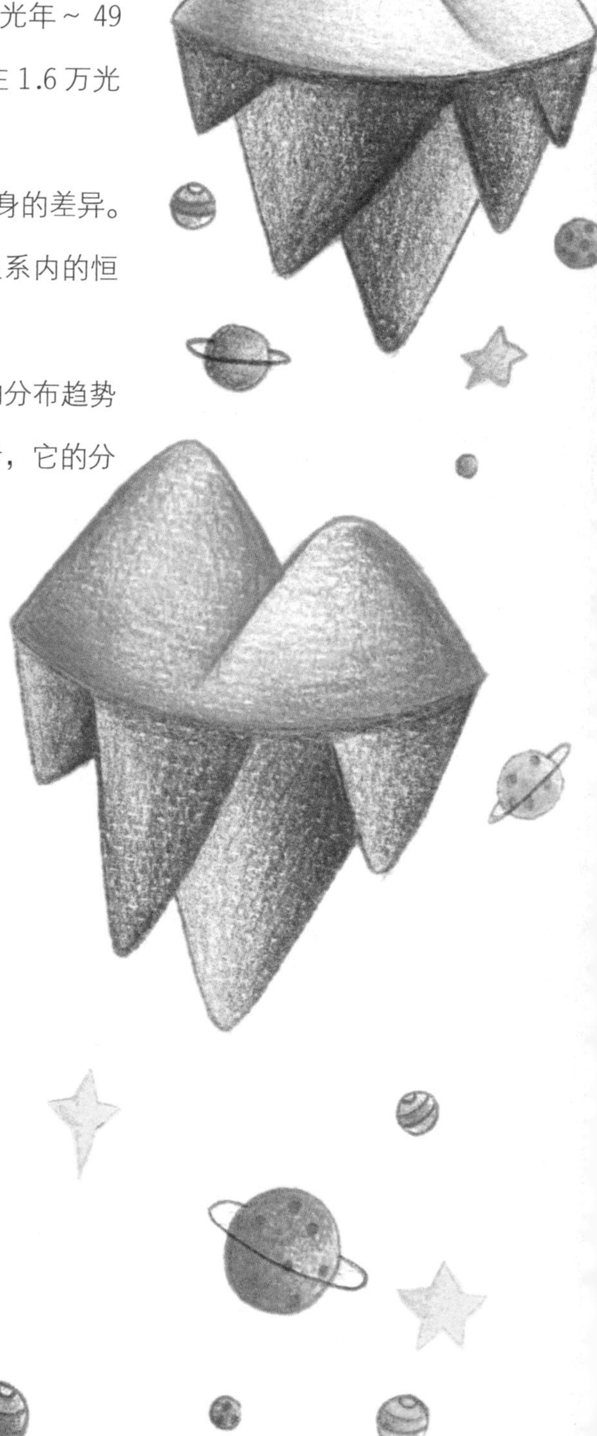

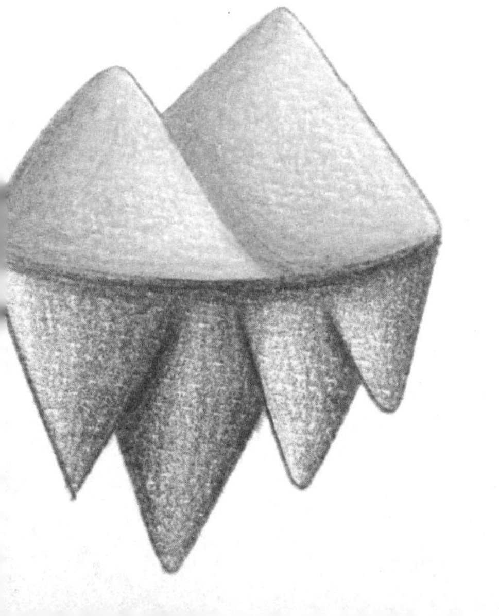

太空的味道是怎样的

太空的味道是怎样的？科学家们对这个问题一直很感兴趣，也很困惑。后来，进入太空的宇航员们终于给了我们一个意想不到的答案：它的味道很奇特，让人想到金属和牛肉的味道。

当然，宇航员们也不能在太空中直接去闻太空的味道，这是他们从太空服、头盔等物体上感觉到的残留味道。曾经行走于太空的宇航员都有相同的感受，觉得太空的气味很独特。虽然在太空中，他们不能直接摘掉头盔接触太空，不过在进入空间站摘掉头盔之后，他们都能感受到一种属于太空的味道附着在手套、工具、头盔、宇航服等上面。

宇航员唐•佩蒂曾这样描述太空的味道：“每次我的同事们作业回来，我在关上气闸、打开舱门的过程中都能够闻到一股奇怪的气味。刚开始，我并没有放在心上，认为这种味道来自于隔离舱的通风道。不过，后来我发现，原来这是他们的工具、手套、头盔等散发出来的味道。如果一定要形容它的话，我觉得是一种金属的味道，是令人愉悦的、甜甜的金属味。”

为此，美国宇航局还专门聘请了化学家史蒂文·皮尔斯进行了研究，史蒂文认为这种气味类似烤焦的牛排、液态金属和焊接烟雾的味道。为了能够营造出一种更加真实的太空模拟环境，史蒂文还试图复制出这种味道，从而将其运用于宇航员们的日常训练。

真的可以穿越时空吗

随着穿越剧的不断上演，越来越多的人开始梦想一段穿越时空的生活，“穿越”真的能实现吗?

爱因斯坦在研究引力场方程的时候，曾提出一种假设，认为宇宙中两个不同的时空之间可能存在一个相互连通的狭窄隧道——虫洞，并且，他认为如果虫洞真的存在的话，通过虫洞就可以实现时间旅行，以及瞬时间的空间转移，也就是我们通常所说的穿越时空了。

其实，科学家们早在 19 世纪 50 年代就曾作过这方面的研究，但是当时的条件还不成熟。物理学家认为就算虫洞在理论上存在，也会因为引力过大而毁掉一切进入其中的事物，包括宇宙飞船或者人。

不过，随着科学技术的发展，“负质量”被发现并捕捉，这项研究又有了新的进展。我们先来看看什么是“负质量”。我们知道“正物质”能

够产生能量，而科学家们认为与正物质相反的物质——“反物质”也能产生“负质量”，并且它拥有吸取周围能量的能力。现在，“负质量”已经被许多世界顶级的实验室证明是可以存在于现实世界的，而且能够通过航天器在太空中捕捉到。这样一来，虫洞的超强力场就可以解决了，只要用“负质量”来中和掉虫洞的引力，就能够使虫洞的能量场达到稳定状态了。

科学家指出，太空飞船安全航行所需要的最低隧道宽度为 10 万公里，只要能够找到直径超过 10 万公里的虫洞，然后利用“负质量”打开虫洞，并且使其结构稳定，就能够让太空飞船顺利通过。

光年是时间单位吗

一看到年字，我们就会想到 1 年是 365 天，所以潜意识中就把光年归为时间单位的行列，那么，光年是时间单位吗?

我们都知道地球是太阳系的一员，而太阳系实际上非常大。然而，即使是庞大的太阳系，放在茫茫的宇宙中也显得非常渺小，甚至还不如沧海中的一粟呢。举个例子来说，半人马座 α 星是距离太阳最近的一颗恒星，而它距离我们甚至有 43 万亿公里；而离我们最远的星系——就目前我们已经观察到的而言，是这个数字再乘以 30 多亿。当我们看到这样一个庞大的数字时，会不会觉得眩晕呢?科学家们也觉得相当麻烦，研究起来也费事，因此人们就想了一个办法：发明了一个新的长度单位，即光年。取光走 1 年的距离为 1 光年，用这个庞大的度量单位来测量宇宙星体之间的距离。

至于 1 光年到底有多远，我们知道，光走 1 秒钟大约有 30 万公里，走 1 年的话大约就是 10 万亿公里。这样一来，我们再形容半人马座 α 星与太阳之间的距离时，就可以说距离为 4.3 光年了。

所以说，光年虽然字面上有一个年字，却是一个长度单位，而非时间单位。这个长度单位非常大，1 光年需要现在世界上最快的飞机飞大约 95848 年才能到达。

可能存在第二个太阳系吗

宇宙中可能存在第二个太阳系吗？这个问题对科学家们而言，非常具有吸引力。随着一颗和木星相似的新行星被发现，人们越来越相信在浩瀚无垠的宇宙中，一定还存在着其他和太阳系相似的星系，甚至可能有另外一个“地球”存在于宇宙的某个角落。

目前最先进的天文学知识告诉我们，一颗行星是否能够长期稳定地存在于宇宙中，主要取决于两个决定性因素：一是行星环绕恒星运行的轨道形状，二是与恒星的距离。通常情况下，想要形成稳定的适合生物生存的环境，行星与其环绕的恒星之间的距离不能太近，否则生物会被恒星发出的热量烤死；另外，行星的运行轨道越接近圆形越好，因为不圆的轨道容易破坏重力，不易形成适宜的生存环境。

人们发现的这颗与木星相似的行星，便符合上面提到的两个条件。它是木星的两倍大，与木星一样，也是一个巨大的气体星球，以 6 年为公转周期，围绕着自己的太阳——HD70642 公转，运行轨道非常接近圆形，运转也非常稳定；而且，

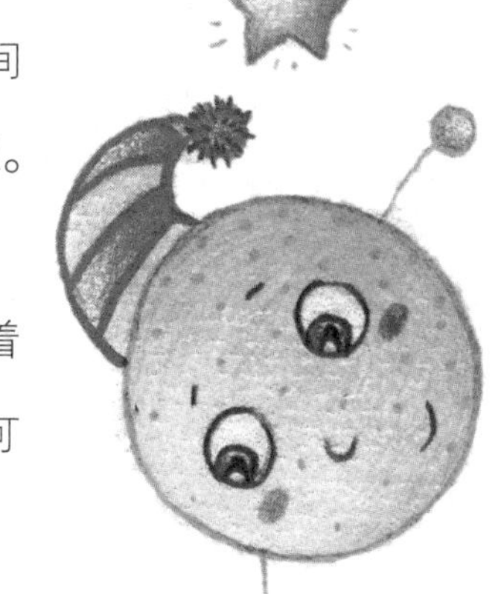

HD70642 有许多与太阳相似的特性。木星与太阳之间的距离是木星体积的3.3倍，这一点上它们也非常相似。这是之前发现的行星中从未出现过的。

这让科学家们相信，在茫茫宇宙中一定还存在着另外的太阳系，跟我们居住的太阳系一样，甚至还可能存在着另外的“地球”，孕育着外星生物。

通古斯大爆炸是怎么回事

1908 年 6 月 30 日早上 7 点 17 分，在俄罗斯西伯利亚通古斯地区上空，突然传来一声爆炸后的巨响。这次大爆炸致使 2150 平方公里内的 6000 万棵树全部倒下，爆炸的威力大约相当于 1500 万～2000 万吨炸药同时爆炸。这次威力巨大的著名爆炸事件，甚至波及到了欧洲其他国家，例如当时英国伦敦的很多电灯忽然间失明，城市一片漆黑；在夜空中，很多欧洲国家的人都看到了强烈的白光；甚至连远在美国的人们，都感受到了大地的颤抖。

当时，伴随着爆炸的发生，天空中出现了非常强烈的白光，还升腾起了一朵巨大的蘑菇云，气温一下子升得很高，草木都被烧焦；在爆炸中心方圆 70 公里内的人们也被严重

烧伤，有的人还被巨大的爆炸声震聋了耳朵。这无疑让附近的居民感到万分惊恐。

爆炸发生后，调查小组到爆炸点一看，那里没有任何陨石或者陨石坑存在的痕迹，在方圆 50 公里内，只有被烧焦的树木。在爆炸中心，还有少量没有被烧焦的树，只是褪去了树皮和树枝。后来，调查小组又在那里发现了一些非常小的玻璃球。球内含有很多在陨石中常见的金属，如铱、镍等。科学家断定，这些玻璃球应该是来自于地球之外的。

对于这次爆炸事件，人们提出了很多设想，试图解释这次规模巨大、原因不明的爆炸，如黑洞撞击说、陨石撞击说、飞船坠毁说、核爆炸说等等，这些假说无疑都将矛头指向了外太空。而到底是什么原因造成的，现在还无法确定。

2 银河系原来这么大

yin he xi yuan lai zhe me da

银河系有多大

对我们来说，地球很大，大部分人穷其一生也无法走遍这个世界。然而，地球只是太阳系中的普通一员，而太阳系对于整个银河系而言，又不值一提了。可想而知，银河系有多大。

人们形容宇宙最常用的词语就是“浩瀚”，这个词语确实非常合适。因为宇宙一直在膨胀，很难用确切的数字来说明它的大小。要想知道银河系具体有多大，我们还要从银河系的组成部分来说。

银心。不论什么东西，都有一个中心，比如地球有地心，月球有月心，银河系也有自己的中心，那就是银心。在银河系的中心，有一个凸出的球状体。这个球状体的直径约 2 万光年，主要由年龄在 100 亿年以上的老恒星组成。有人猜想，在这个巨大的银心中，可能存在一个巨大的黑洞，因为那里的星系核活动非常剧烈。

银盘。从银心向外扩展大约 4 万光年的范围就是银河系的主体——银盘了。

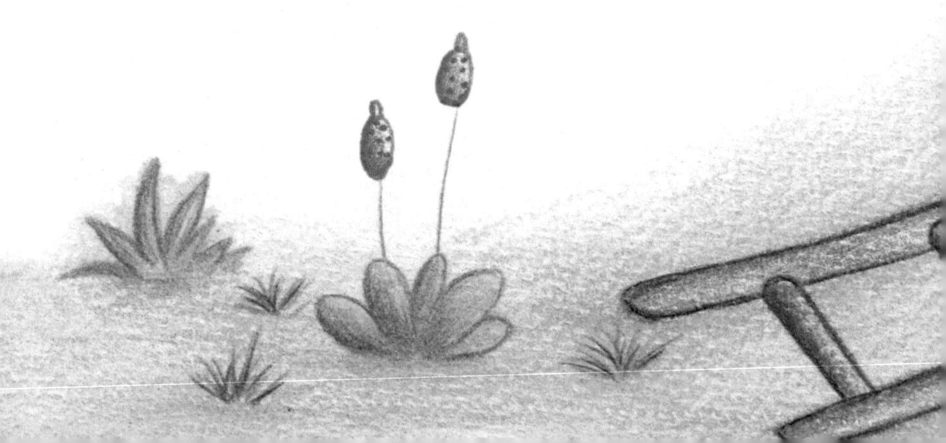

银晕。围绕在月亮周围的光环，我们称之为月晕，同样，围绕在银河系的主体银盘周围的，我们就称之为银晕。银晕的半径为 4.9 万光年，主要由老年恒星形成的星团组成，密度很低。

银冕。这是部分天文学家提出的名称，他们认为，在银晕的周围可能还存在这么一个射电辐射区，它能延伸至 32 万光年外的地方！

现在，你知道银河系有多大了吧？

美丽的夜空有多少颗星星

你知道夜空中有多少颗星星吗？要回答这个问题，先要进行星星的等级分类。因为这跟我们能够看到的星星数量有密切的关系。

每到夏季的晚上，我们抬起头就能看到很多明暗亮度不等的星星在夜空中闪烁，营造出一幅天然的美丽画卷。很久之前，人们就把星星划分为不同的等级。最亮的星星就是星星的老大——一等星。光亮程度次之是二等星、三等星、四等星……依次划分。我们平时用肉眼最多只能看到星星的第六等，也就是六等星。当然，如果我们想要看到更多的星星，就要使用望远镜来看了。

现在言归正传，夜空中肉眼能够看到的星星有多少颗呢？

天文学家认为，最亮的一等星总共有 20 颗，二等星有 46 颗，三等星

有 134 颗，四等星有 458 颗，五等星有 1476 颗，六等星有 4840 颗。也就是说，我们能看到的星星总数为 6974 颗。

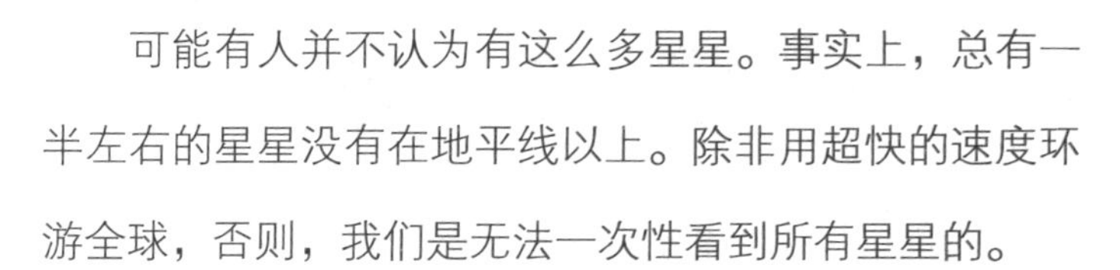

可能有人并不认为有这么多星星。事实上，总有一半左右的星星没有在地平线以上。除非用超快的速度环游全球，否则，我们是无法一次性看到所有星星的。

另外，科学家们推测，银河系中可能有 4000 亿颗恒星，当然这个数字并不精确。即便如此，我们也不难想象这将是怎样的一幅壮观景象。

为什么星星会眨眼

一闪一闪亮晶晶，

满天都是小星星。

挂在天上放光明，

好像你的小眼睛。

这首儿歌曾经点亮了很多人的童年，几乎每个人都会唱。在晴朗的夜空，我们经常能看到满天的星星，一闪一闪的，就像是人在眨眼睛，可是星星真的会眨眼睛吗？星星当然不会眨眼睛了，这都是光的折射造成的视觉错觉。我们一起来发现这个小秘密吧！

光线能够在很多种介质中传播，它们不畏真空的环境，也不介意水、空气、砖石、塑料等很多物质。在同样的介质中，光线沿着固定的直线传播，如果介质发生变化，光的传播方向便会发生转折，当两种介质的密度不一样时，光也会发生转折。用肉眼看过去，光在转折时，会出现忽明忽暗的变化。

星光便是光线透过大气层反射到我们的眼睛内，我们因此而看到了点点星光。但是天空中的星星距离我们所在的地球非常遥远，遥远到测量它们的单位都是光年。比如说，牛郎星距离我们地球的距离是 16 光年，也就是说，我们看到的牛郎星实际上是 16 年前从牛郎星上放射出来的光芒。因为距离实在是太过遥远，当光线抵达地球的时候，已经被大大弱化了。再加上大气密度的变化，导致光线发生转折，因此，我们看到的星星都是一眨一眨的。

天鹅座有什么传说

每年 9 月末的时候，天鹅座与月亮一起悬在中天，看起来非常漂亮。天鹅座由升起到落下整个过程，与天鹅飞翔的样子非常相像。

天鹅座看起来更像是一个十字架，这就很容易将它联想成是一只展翅欲飞的天鹅：十字架的那一竖，可以想象为天鹅的身躯，那一横可以看成天鹅的翅膀。在很久以前，古希腊人就已经发现了这个星座，并将它比喻成天鹅。后来在《一千零一夜》辛巴达的故事中，它被形容成一只展翅欲飞的大鹏鸟。

在希腊众多的神话故事里，有一个关于天鹅座的动人传说。

众神之神宙斯无意间邂逅了天真善良的勒达公主，被公主深深吸引。

但是，他担心这件事情被自己的妻子——神后赫拉知道，就把自己变成了一只洁白的天鹅，并趁着勒达公主独自在湖边玩耍的时候，降落在她身边。善良的勒达公主抱着这只乖巧的天鹅睡着了，谁知，当她醒来后居然发现自己怀孕了。回到王宫十个月后，勒达公主生了一对孪生子，也就是传说中的双子座。

宙斯得知这个好消息，为了表达自己的兴奋心情，把自己化身的天鹅，留在了天际作为一种纪念。这便是天鹅座了。

十二星座是怎么划分的

“我是天蝎座，你是什么星座？”我们经常听到类似的聊天，那么，这里所说的星座与天上的星座有什么联系吗？

星座就是天上的恒星在一定的区域内的集合体。恒星与恒星之间并没有实质性的联系，仅仅是因为它们彼此距离相近，所以人们就将它们划分到了一起，并为这个小团体起了个名字。

古人是非常有智慧的，在没有罗盘针，没有导航仪的情况下，为了在苍茫的大海上不迷路，他们就将天上的发光星体连了起来，组成各种各样形状的团体，也就是现在的星座。有意思的是，他们还将这些星座与古希腊神话以及罗马神话中的故事联想到一起，让这些星座变得更加神秘。这样一来，他们一共将天空中的发光星星分为 88 个区域，也就是 88 个星座。也有人说其中的一些星座处于南半球，所以它们是近代才命名的。

后来，人们根据这 88 个星座在天空中的不同位置，又分为 5 个大的区域：北天拱极星座、北天星座、黄道十二星座、赤道带星座、南天星座。

黄道十二星座就是指地球上黄道附近的 12 个星座，也就是我们现在常说的 12 星座。这 12 个星座将黄道平均分为 12 等份，成为 12 宫。西方的星座学就是以这 12 星宫在运行时对相应区域内人体性格的影响为研究对象的。正是因为如此，出生时间不同的人们大都有着不同的星座。

嘿！现在知道十二星座的由来了吧？

流星也会下雨吗

“流星雨”是一种形象的说法，形容陨石像雨点一样坠落下来，并不是真的流星下雨了。那么，流星雨是怎样形成的呢?

太空中有很多由星体尘埃或固体块组成的太空垃圾，长期在空中飘浮游移，随时都有闯入地球的可能。在靠近地球、试图进入地球的时候，太空垃圾会受到大气层的阻挡，形成非常剧烈的摩擦，摩擦产生高温，高温引起燃烧，远远看去，如星光闪烁。这就是我们看到的流星。

当无数太空垃圾同时冲击地球，试图突破大气层时，便会产生流星雨；当流星雨密集到一定程度时，便会形成流星暴。至于那些最终穿过大气层，顺利抵达地球的太空垃圾，则被称为流星体。

所有流星雨都不是只在某个时刻才能看到的，而往往是连续好几天甚至一个月都能观测。但是大多数时候流量都很小，只在一个相对很短的时间段里才会有大量的流星雨出现。以常见的狮子座和双

子座流星雨为例:

一般而言，狮子座流星雨每小时会出现 10 到 15 颗流星，但是每隔 33 年或者 34 年，狮子座流星雨便会呈现一次高潮，此时每个小时出现的流星能达到数千颗。

双子座的流星雨常常出现在每年的 12 月中旬，最高可以达到每个小时 100 多颗，而且持续的时间相对比较长。

除此之外，还有很多意外出现的流星雨，在我们想不到的时候不期而至。

陨石偏爱南极吗

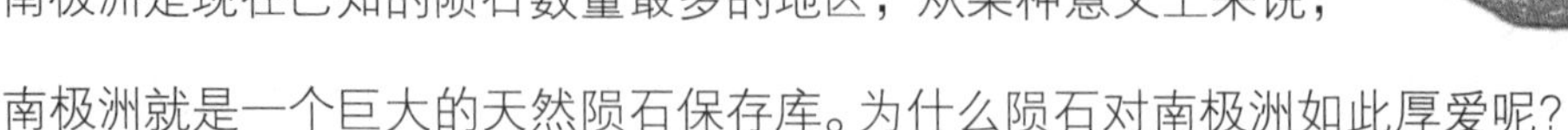

一些天文爱好者发现了一种奇怪的现象：位于地球最南端的南极洲是现在已知的陨石数量最多的地区，从某种意义上来说，南极洲就是一个巨大的天然陨石保存库。为什么陨石对南极洲如此厚爱呢？

其实，地球上任何一个角落出现陨石的概率都是一样的，南极洲之所以出现大量陨石，只是因为那里的自然条件非常有利于陨石的保存。那么，南极陨石多见的真正原因是什么呢？

首先要说的是南极洲的冰盖。当陨石从天空坠落到这个地方的时候，在巨大的冲力作用下，陨石会坠入几百米的冰层深处，并且随着冰盖的运动而不断运动。一般情况下，冰盖的运动有一个规律，那就是自高到低，自上而下，因此陨石会被搬运到低处。当冰盖俯冲到一个高物面前时，厚厚的冰盖便会借着冲力和惯性爬上山坡。高出冰盖的冰层在风中不断消融，不久，陨石就露出来了。冰盖就这样依靠着自身的搬运能力，将不同地方的陨石运送到一起。根据这个规律，如果我们在南极洲的某个地方发现了一块陨石，那么，周围出现陨石的概率也会大大增加。

其次要说到冰层对陨石的保护作用。夏天的时候，我们常常在冰箱内储存蔬菜，由此可以看出低温对于物体有延长生命的作用。南极洲冰盖厚达千米，陨石跌落进去之后，减弱了物理反应和化学反应，陨石一般能在水流和土壤中存留 4000 到 10000 年，而在冰层中则可以存留几十万年。

最后，陨石在淡蓝色的冰层上非常显眼，便于被人们发现。

为什么彗星被叫作“扫把星”

在晴朗的夜晚，我们会在深蓝色的天幕上看见点点繁星。时不时地，也能看到拖着尾巴的星星，人们大多管它们叫“扫把星”。其实，扫把星的学名叫作“彗星”。那么，彗星为什么被称为“扫把星”呢?

“彗星”二字来自于希腊。在希腊文中，“彗”指的是尾巴或者毛发，大概在很久以前，希腊人称呼彗星为“长发星”。而在汉语中，“彗”字可以理解为扫帚。彗星飞过天际，拖曳长长的尾巴，就像老百姓使用的扫把。因此，“扫把星”这个名字十分形象，和彗星的特征非常契合。

作为太阳系中的一种小天体，彗星的组成成分多是尘埃和冰冻杂质。

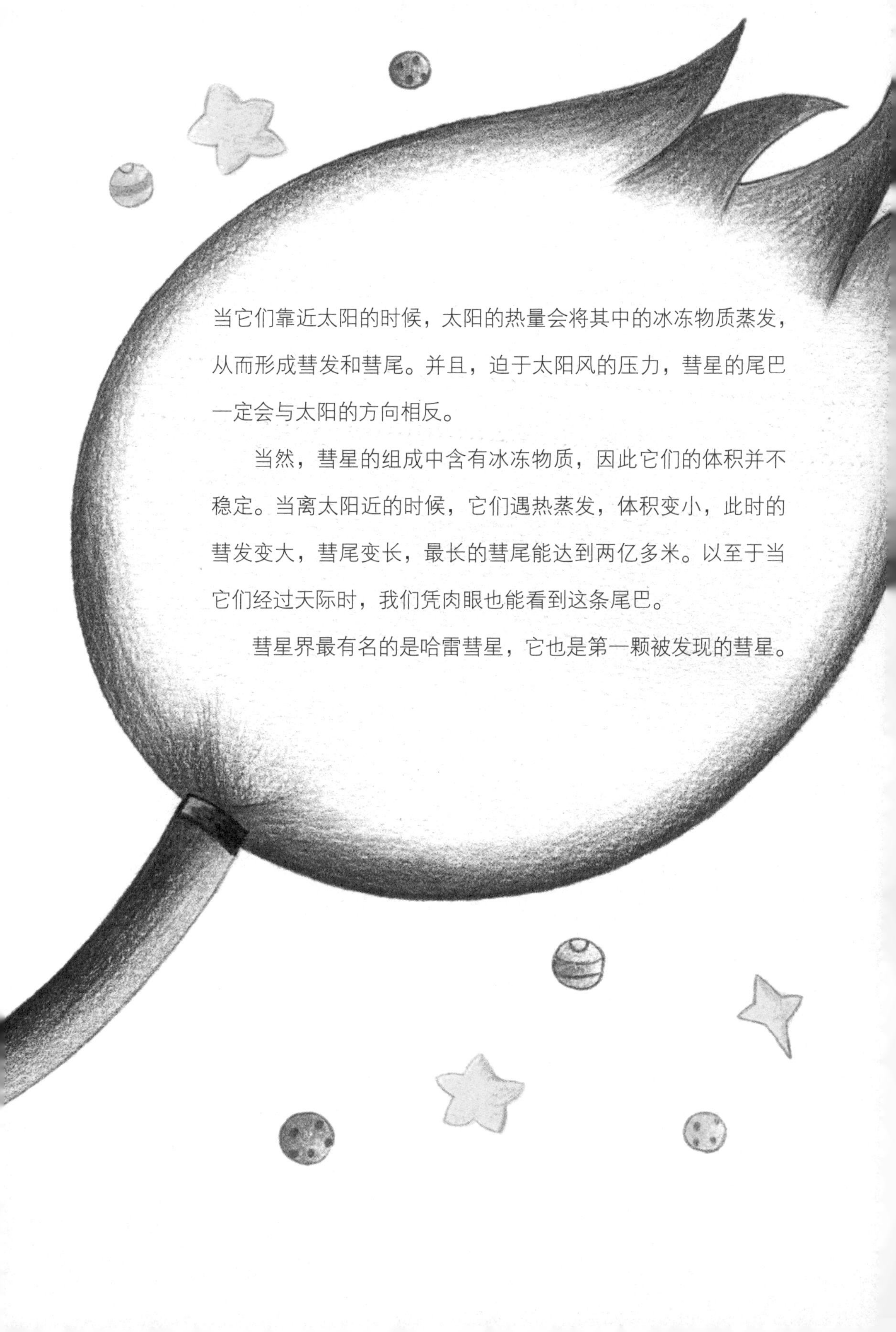

当它们靠近太阳的时候，太阳的热量会将其中的冰冻物质蒸发，从而形成彗发和彗尾。并且，迫于太阳风的压力，彗星的尾巴一定会与太阳的方向相反。

当然，彗星的组成中含有冰冻物质，因此它们的体积并不稳定。当离太阳近的时候，它们遇热蒸发，体积变小，此时的彗发变大，彗尾变长，最长的彗尾能达到两亿多米。以至于当它们经过天际时，我们凭肉眼也能看到这条尾巴。

彗星界最有名的是哈雷彗星，它也是第一颗被发现的彗星。

变星为什么被称为"量天尺"

上小学的时候，老师已经教会我们如何使用直尺去测量纸上两点之间的距离。但是，天上的星星离我们那么远，我们如何知道它们之间的距离呢？天文学家又是用什么方法测量两个星星、不同星系之间的距离呢？他们使用的是与我们一样的尺子吗？

事实上，天文学家依靠的是一种特殊的变星。变星存在于星系和星团之中，经常周期性地变化自身的亮度。比较有名的变星为仙王座中的"造父一"。

造父变星有一个神奇的特点：它的光变周期与光变亮度之间存在着正比例的关系，也就是光变周期越长，它的亮度就越强。相反，光变周期越短，它的亮度就越弱。这个关系对于测量天上星星之间的距离来说是非常有帮助的，具体的测量方法如下：

首先我们要测算出一颗造父变星的光变

周期，然后利用光变周期与亮度之间的关系，就可以确定这颗变星的绝对星等。一般来说，天上的星星是可以用肉眼来观测到它们的视星等的，视星等与绝对星等之间又有一定的差别。而一旦我们知道了一颗星星的视星等和绝对星等，就可以计算出它的距离了。

变星就是这样靠着自己的特色来测量天体之间的距离的，它的光线可不就像一把“巨尺”嘛！所以，人们就称它为“量天尺”。

什么是超新星

超新星可不是什么当红的影视明星，而是一种在宇宙中存在的天体。一颗恒星因种种原因发生爆炸，从而爆发出比之前更加明亮的光芒，以至于被人们误认为出现了新的天体，这便是超新星。这种恒星爆炸能够维持几周到几个月，时间不等，一旦爆炸结束，光芒也会消失。

很多天文学家都对超新星比较感兴趣，但基本上发现它们的时候，爆炸已经开始了。因此，虽然人们已经探测到好几百颗超新星，但能够被人们观测并记录的却屈指可数。那么，超新星是怎样产生的呢？

原来，恒星也并非永恒不变的。某些时候，它们也会无法平衡自己的“身体”，以至于从“肚子”内部开始冷却，并逐渐开始塌陷，甚至发生爆炸，变成我们所说的超新星。

当然，并不是每一颗爆炸的恒星都能变成超新星。因为恒星爆炸后，会面临两个截然相反的结果：一种是整体解散，变成很多废弃的混合物，也就是结束自己的“生命”——死亡。另一种则是表面变成废旧的混合物，中心却会变成新的天体——新生。第二种情况下，这个新出现的天体便是超新星。

你知道吗？假如一颗超新星爆发的距离和地球很近，甚至还会对大多数生物产生影响，那么，这种新星就叫作近地超新星。

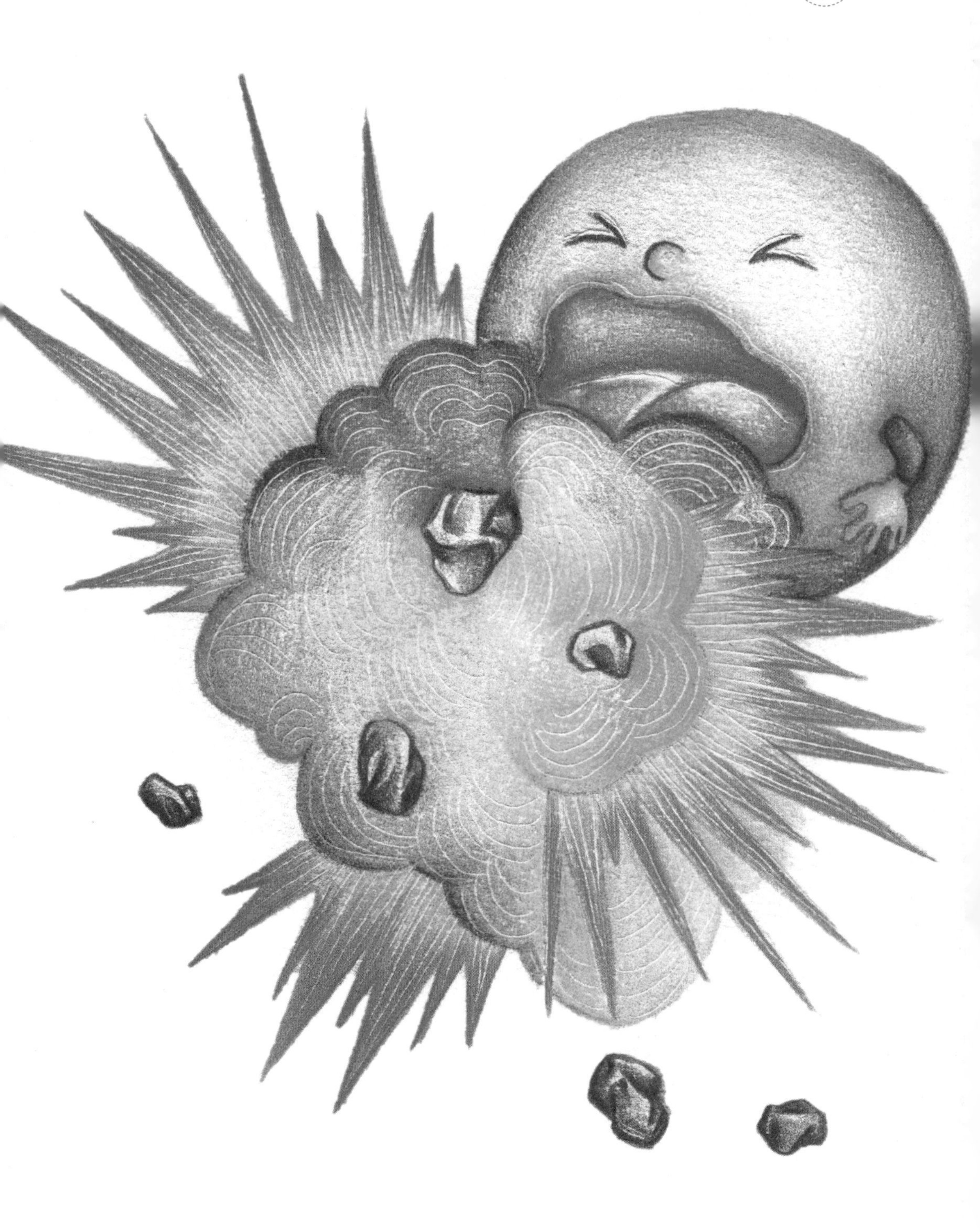

3 哇！恒星和星云

wa ! heng xing he xing yun

恒星为什么会发光

古代的时候，人们认为天上会发光的星星是永恒不变的，因此称它们为恒星。其实这是人们的错觉，恒星当然不会永恒不变，只是它们距离地球太遥远，人们无法看到它们的变化而已。科学家们观测到，银河系中的恒星大约有 2000 亿颗，而距离地球最近的一颗恒星，也是最普通的一颗恒星就是太阳。看到太阳每天都能生机勃勃地发光发热，我们不禁会问：所有的恒星都能发光发热吗？恒星为什么会发光发热呢？

从科学家们对恒星的定义中我们可以看出，恒星就是自己能发光的气体天体。这就肯定了恒星能够发光这一事实。可是恒星是怎么发光的呢？

我们先从恒星的形成上说。恒星是由一团稀薄，但是密度均匀的星际云形成的。在形成的过程中，星际云气体中心的引力不断将周围的尘埃物质吸引过来，使星际云的密度开始增加，当密度达到一定的程度时，会使尘埃物质相互碰撞、挤压，从而导致温度的上升。当温度达到一定的程度时，星际云就会发光放热，这时候一颗真正的恒星就形成了。

其实，我们看到的恒星所发出来的光芒，是恒星内部热核反应时将氢转化为氦的过程中发出的光芒。不过在这个过程中，也会损失恒星的质量，而质量逐渐损失的结果就是消亡。因此，我们说任何星体都有产生、发展与消亡的过程，恒星也并不是固定不变的。

星风是星星上的风吗

海风是从海里吹过来的风，山风是从山谷里吹来的风，那星风是不是星星上的风呢?

其实，星风与自然界中的风并不是一个概念，唯有恒星才有星风一说。当恒星表面源源不断地输送物质流时，星风便形成了。据说这一过程也是恒星损失自身质量的过程。恒星释放能量耗损质量这一事实相信很多人都知道，就连我们天天看到的太阳，也在不断地耗损着自身的质量。很多人认为，很多恒星的研究都是受太阳的启示呢！就连星风的由来也是受到太阳风的启发。

关于太阳风的形成一直存在着两个观点：

第一种观点认为，太阳风是太阳源源不断地向太阳系释放高速和强度不稳定的电离气体流，当这些气体流被地球所接收时，就会与地球磁场发生作用，并产生各种效应。

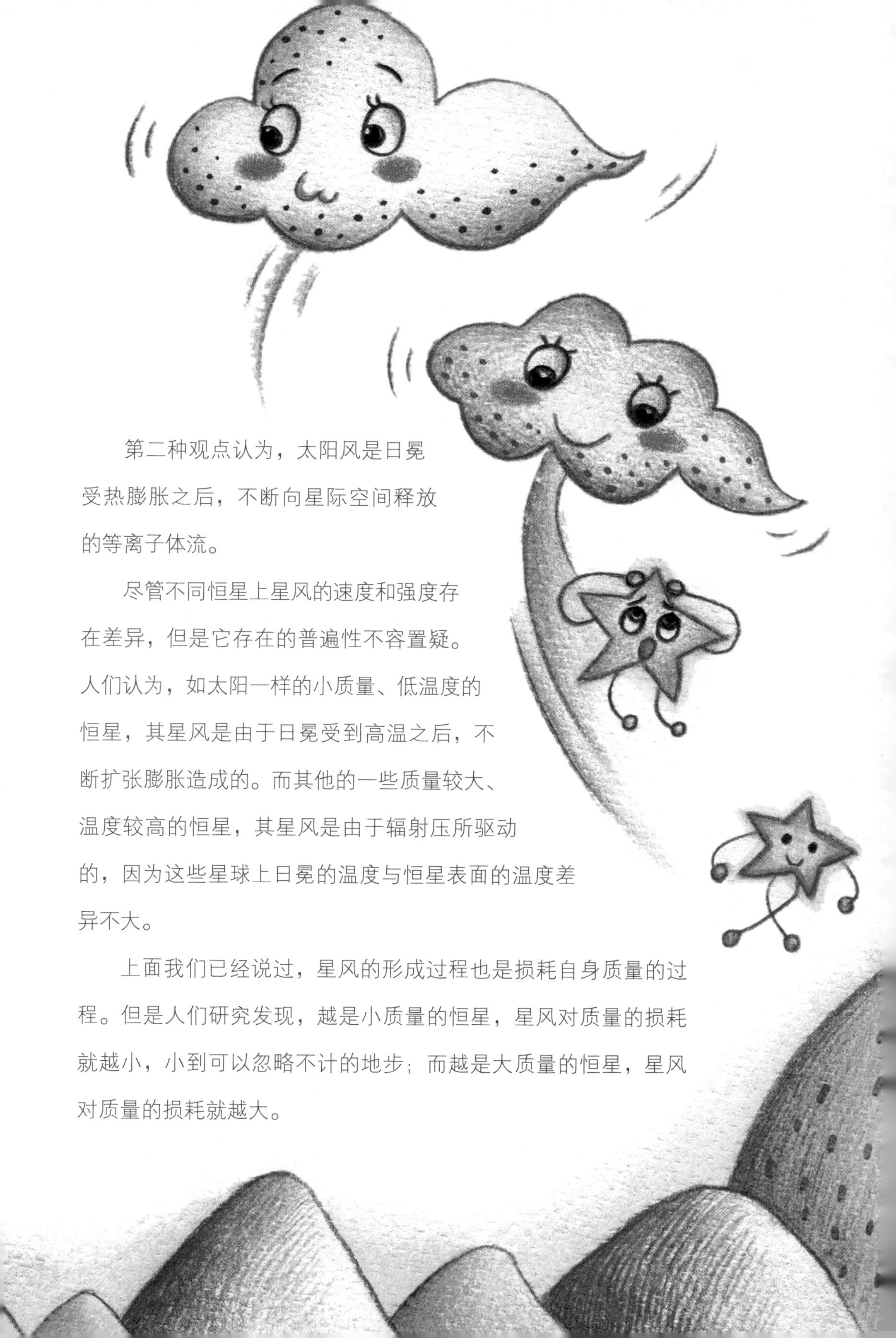

第二种观点认为，太阳风是日冕受热膨胀之后，不断向星际空间释放的等离子体流。

尽管不同恒星上星风的速度和强度存在差异，但是它存在的普遍性不容置疑。人们认为，如太阳一样的小质量、低温度的恒星，其星风是由于日冕受到高温之后，不断扩张膨胀造成的。而其他的一些质量较大、温度较高的恒星，其星风是由于辐射压所驱动的，因为这些星球上日冕的温度与恒星表面的温度差异不大。

上面我们已经说过，星风的形成过程也是损耗自身质量的过程。但是人们研究发现，越是小质量的恒星，星风对质量的损耗就越小，小到可以忽略不计的地步；而越是大质量的恒星，星风对质量的损耗就越大。

牛郎星与织女星每年都能相会吗

每年的七夕节，牛郎与织女鹊桥相会的传说大家应该都不陌生。在中国，这是一个凄美的爱情故事。可事实上，当你仰望夜空的时候会发现，牛郎星与织女星正好位于天河的两边，难道它们真的是天河两隔，每年只能相会一次吗？

我们之所以能够看到牛郎星与织女星，是因为它们和太阳一样，都属于自己能发光的恒星。或许会有人发问了，既然它们和太阳一样能够发光发热，那为什么我们白天能够看到太阳，却看不到它们？

其实，这是因为太阳离我们比较近，而牛郎星与织女星离我们比较远。远到什么程度呢？据说光线从牛郎星出发，需要经过 16 年零 4 个月的时间才能到达地球；而织女星的光线则需要 26 年零 5 个月才能达到地球。我们

知道，光速是已知的最快的速度，可是就连光都要传播这么长的时间才能到达地球，可见它们的遥远。就连牛郎星与织女星之间的距离也是非常遥远的，虽然我们肉眼看到的只是那么小小的一段距离，可事实上光线从牛郎星上出发，马不停蹄地奔走，也需要 16 年的时间才能到达织女星。如此看来，它们就是想要打个电话，也需要几十年的等待才能听到对方的声音，所以它们怎么可能鹊桥相会呢?

现在你明白了吧，每年鹊桥相会只是人们对它们凄美的爱情所寄予的美好希望。

老人星为什么又叫寿星

在星星的家族里，有时候也像人一样，有不懂事的小孩子，年轻的青年，还有上了年纪的老人。说到老人，那就要说一说被人们称为老人星的恒星了。

老人星散发的是青白色的亮光，整体的亮度也比较强，是除了天狼星以外最亮的一颗星星。但是，老人星的名声可比天狼星的“声名狼藉”好了不止多少倍啊！古人们都认为这颗星星代表着长寿，又称之为寿星。

以前，占星家认为老人星的出现是整个国家都比较太平的预兆，如果能够看见这颗星，国家将风调雨顺、五谷丰登，百姓安家乐业。所以，大家都非常喜欢这颗恒星。康熙还曾经亲自去鸡笼山上寻找过老人星呢！

但是，这颗星的位置比较偏南，并不是所有地区的人都可以看到，只有在南边的天空才能看见它。如果你家住南方，那么，每年农历的二月，你可以在找到天狼星以后，在附近找找这颗老人星，说不定，你真能够看到它呢。

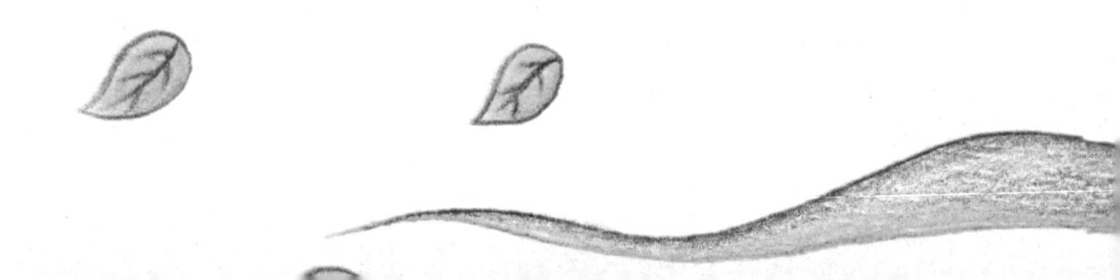

为什么北斗七星是黑夜中的向导

在晴朗的夜空中，你能认出几颗星星呢？也许有人会急不可待地回答：牛郎星、织女星、北极星、天狼星……不错，这些确实都是我们熟知的星星，但是还有一个特别的“星星家族”，总共有七个兄弟，也是天上耀眼的明星，它们就是北斗七星。

顾名思义，北斗七星就是由 7 颗恒星组成，而“北斗”一方面说明它

的形状像“斗”，也就是勺子，另一方面也说明这个“星星家族”总是出现在北方的天空中。北斗七星不光样子特殊，作用也很大。迷路的人能够根据它来辨明方向，古人也可以根据它来判断播种的季节……

那么它是怎么帮助人们辨别方向的呢？这还要借助于它和北极星的关系。北极星与北斗七星都位于北半球的上空，而顺着北斗七星的勺子的开口方向，向西一直延伸，就能找到北极星。也就是说，北极星总是处于北斗七星勺子开口方的西边。这样一来，迷路的人们就能够根据二者之间的位置来确定自己所处的方位了。

那么它又是怎么帮助人们判断季节的呢？原来，人们发现，北斗七星的形状虽然没有变化，但是并不代表它是固定不变的。其实，季节不同，北斗七星勺柄的指向并不相同。“斗柄东指，天下皆春；斗柄南指，天下皆夏；斗柄西指，天下皆秋；斗柄北指，天下皆冬。”这就是人们根据经验总结出来的谚语。

现在看来，北斗七星是不是特别神奇？

红巨星为什么被称为老年恒星

我们称之为恒星的天体，实际上也有从出生到死亡的发展过程，红巨星被称为“老年恒星”难道是因为它已经走到暮年了吗?

红巨星，顾名思义，就是红色的体积巨大的恒星。那么，红巨星是怎么形成的呢?

这就要从恒星的生长过程来说了。一颗恒星形成之后，会经过漫长的青壮年时期，然后慢慢步入老年阶段，这一点和人类的生长过程大致是相似的。恒星的青壮年阶段被称为主序星阶段，当它度过这一阶段之后，就该进入老年期了，但是在进入老年期之前，它首先要变成红巨星。红巨星就是恒星即将步入衰老期的标志。

恒星一旦变成红巨星，它的体积就会迅速地膨胀到十亿倍之大。随着红巨星体积的增大，最外层距离中心越来越远，使得外层温度也越来越低，同时也使恒星的吸引力越来越小，最终导致表层脱落。表层脱落之后，就会形成恒星风暴，使得整个恒星看上去散发出红色的光芒。

比如我们肉眼能见到的大角星，就是典型的红巨星，人们还称它为“红色的钻石”呢!

红巨星形成之后，会朝着白矮星演变，而白矮星是晚期的恒星，最终是会走向灭亡的。红巨星变成白矮星的过程是这样的：当红巨星剧烈膨胀

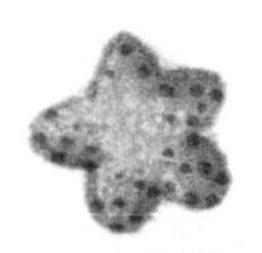

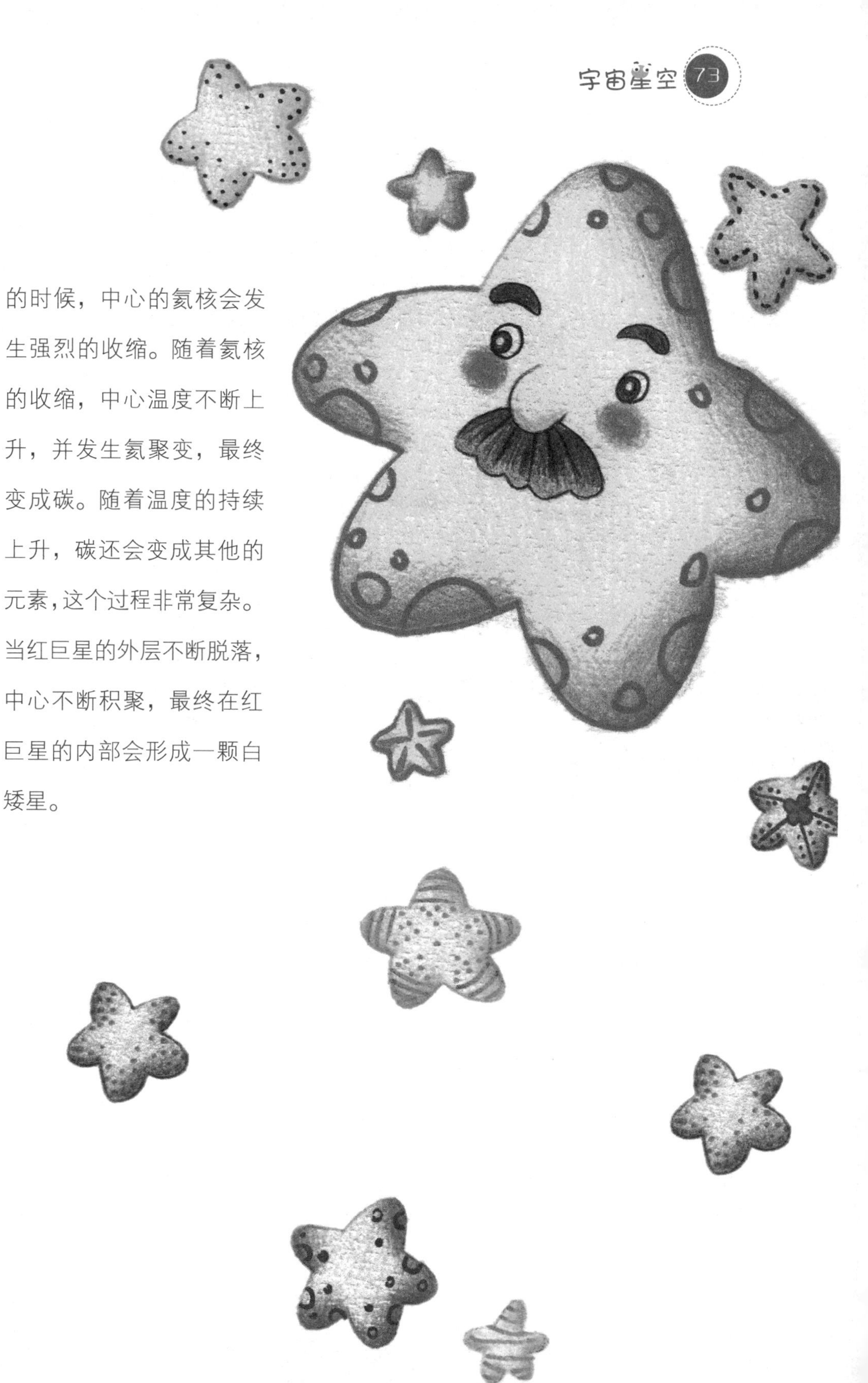

的时候，中心的氦核会发生强烈的收缩。随着氦核的收缩，中心温度不断上升，并发生氦聚变，最终变成碳。随着温度的持续上升，碳还会变成其他的元素，这个过程非常复杂。当红巨星的外层不断脱落，中心不断积聚，最终在红巨星的内部会形成一颗白矮星。

春夜北半球最亮的恒星是哪一颗

嘿！现在考考你！哪颗星是春夜北半球最亮的恒星？别急着回答，先看看下面的内容吧！

北半球的5月份，夜空中的北斗七星非常显眼。顺着北斗七星的勺柄往前看，有一颗钻石般耀眼的星星——它就是位于牧夫座的大角星。大角星是亮度排名第四的恒星，也是北半球夜空中最亮的恒星。关于大角星，还有一个美丽的传说呢！

相传掌管天地万物的主神宙斯曾经喜欢上狩猎女神的侍女卡利斯托，并偷偷生下一个儿子阿卡斯。后来宙斯的妻子知道了这件事情，非常愤怒，就把卡利斯托变成了一只大母熊。

多年之后，阿卡斯逐渐长大，成了一名优秀的猎人。一天，卡利斯托认出了正在打猎的儿子，于是不顾一切地扑了过去。眼看不知情的阿卡斯就要射杀自己的母亲，巡查到此的宙斯恰好看到了这一幕，立即阻止了悲

剧的发生。

后来，宙斯将母子二人带到天上，把卡利斯托和阿卡斯分别置入两个相邻的星座大熊座和牧夫座中，并把阿卡斯变成牧夫座中最明亮的一颗恒星，让它永远守护自己的母亲。

所以，从星座上来看，牧夫座的形状好像一个手拿武器的猎人，而它的前方正好是形状极像大熊的大熊座。当天空中最明亮的恒星——天狼星消失之后，牧夫座的主星——大角星就成了北半球天空中最亮的星星。

冬夜最明亮的恒星是哪一颗

大家或许会有疑惑：难道春夜最亮的恒星与冬夜最亮的恒星不是同一颗吗？答案确实如此。我们知道，恒星随时都在发光，但是由于它们的亮度有限，再加上地球自转的原因，白天的时候，它们的光线会被太阳光所

覆盖，所以我们白天是看不到这些星星的。当然，四季不同，太阳直射点的位置也不同，基于这个原因，春夜最亮的恒星与冬夜最亮的恒星并不相同。那么究竟谁是冬夜最明亮的恒星呢？

答案是天狼星。作为大犬座中的双星，天狼星是由甲、乙两星组成的目视双星。甲星是全天下第一亮星，属于主星序的蓝矮星。乙星一般称天狼伴星，是白矮星。其中，双星中的主星的体积比太阳稍微大一点，表面温度也仅仅为太阳的 2 倍，但是它的亮度却比太阳高出 23 倍；而双星中的伴星的体积跟地球差不多，质量跟太阳相近，不过由于距离地球太远，肉眼几乎看不到。

春夜里的大角星已经非常明亮，但是冬夜里的天狼星的亮度要比大角星的亮度还要高出 2 倍，据说除了北纬 73 度以北的高纬地区之外，不管你在地球上的任何位置，都能用肉眼观测到它的存在。由此可见，它的亮度是非同寻常的。

尽管如此，单从眼睛的感觉上来说，它的亮度似乎比不上月亮、金星和木星。当然，这只是错觉而已，毕竟天狼星是恒星，而月亮、金星只属于卫星、行星，它们本身不会发光，只是由于距离地球比较近，我们才能够看到它们反射太阳光。

太阳在太阳系中有着怎样的“地位”

太阳与八大行星，以及一些卫星和其他天体，共同组成了太阳系。那么，太阳作为太阳系中唯一的恒星，照亮了整个星系，这是不是说明了太阳在太阳系中处于至高无上的地位呢?

的确，太阳系是以太阳为中心的。太阳系中，除了太阳、八大行星、100多颗卫星、5颗已知的矮行星之外，还有很多数不胜数的其他小天体。但是从身份上说，只有太阳是会发光发热的恒星，也只有它的吸引力大到能够将八大行星以及其他的天体吸引过来，集聚在一起。另外，从运动轨迹上说，八大行星都围绕着太阳做周期性运动，这也说明了太阳的中心地位。

但是在我们看来，最能承认太阳中心地位的是太阳对地球的作用。我们知道，很多星球之所以不适合人类居住，其中一个方面的原因就是温度达不到。对地球来说，阳光的直射是地表温度的直接来源，是太阳给予了人类生存的基本温度。除了这些，阳光也是植物赖以生存的条件，有了阳光，植物才能进行光合作用，并为人类和动物提供大量的氧气，供人们自由呼吸……可以说，地球上的一切都离不开太阳，假如没有太阳，一切都无从谈起，这样一来，太阳在太阳系的中心地位就更加稳固了。

太阳是迄今发现的最圆的天体吗

尽管宇宙中很多天体都是“球状体”，表面上看来好像圆球一样，可是经过仔细的测量，我们就会发现，很多星球其实都不是正圆形的，就像地球一样，更加近似于椭圆形。不过也有人说太阳是目前探测到的最圆的天体，这个说法可靠吗?

科学家们曾经这样推断：由于太阳周围没有像其他星球一样的坚硬外壳作为“铠甲防御”，所以在转动的过程中，它可能比其他星球更容易“变形”。然而，科学家们通过各种方法所观测到的结果并不是这样的。

很久之前就有这样的说法：如果将太阳按比例缩小成排球大小的球体，经过精确的测量之后你会发现，球体的最宽处与最窄处的差异甚至比头发丝还小。

就连最新的测量结果也显示：太阳的直径长度仅仅比它的两极直径长百万分之十七米。尽管人们曾经认为太阳并不是一个规则的圆形，可是新的研究结果无不证明太阳运动时的形状非常恒定，并且与圆形非常接近。

历年来，人们通过脉冲星发出的脉冲信号测量得知，太阳的内部结构大都与太阳黑子的活动有关，并随着太阳黑子的活动周期的变化而变化，但是唯一不变的是太阳的形状，这一点是非常令人惊奇的。不过这也说明了太阳的形状很少受到外界或者内部事物的影响。

以上的事实说明太阳似乎是一个接近于完美的圆形，也可能是有史以来所发现的最圆的天体。

太阳真的是一个"大火球"吗

每到夏天的时候，天气就非常炎热，温度能达到几十摄氏度。很多人说太阳就是一个大火球，这种说法科学吗?

大家对太阳并不陌生，它是一个体积很大的气体恒星，时时刻刻以电磁波的形式向四周释放能量。我们在地球上之所以能够感受得到光和热，就是源于太阳的照射。

大多数气体天体的主要成分都是氢和氦，太阳也不例外。当太阳中心4个氢原子与1个氦原子发生聚变反应，形成1个氦核时，就会放出能量，而这些能量的表现形式就是光和热。

据说太阳中心的温度可以达到1500万摄氏度，就连太阳表面的平均温度也能达到5500摄氏度。有人曾经这样形容过太阳的温度：假如将一座12米的冰川拿到太阳表面上，仅仅一分钟的时间，冰川就可以融化成水。如此看来，太阳被称为"巨大的火球"真是一点也不为过啊!

除了这些，单从太阳的外表上来看，也像极了一个大火球。太阳主要

是由光球、色球、日冕组成。最里边的是光球层，中间是色球层，最外边的是日冕层。日冕层呈现出银白色的光芒，不断地向外膨胀运动，甚至能够绵延很远很远，远远地看上去，就像是一个燃烧着的火球一样。

虽然太阳源源不断地释放着自己的能量，为人们带来光和热，可是太阳也为此付出了不小的代价——损耗了质量。因此，这个巨大的火球最终也是要消亡的。

太阳真的会“变小”吗

我们知道了太阳发光发热的原理，知道了它需要消耗掉自身的质量来释放能量：照这样下去，若干亿年之后，太阳会不会把自己的质量消耗殆尽，从而走向灭亡呢？

这个问题也引起了科学家们的注意，但是研究的结果却令人震惊：现在的太阳并不是在变小，而是在不断地变大，也就是说，它并不会因为越变越小而灭亡。这究竟是怎么回事呢？

这就要从太阳的形成上说起了，每个恒星都要经历出生期、青壮年期和老年期这几个阶段。大约在50亿年前，由于星际云的缩小、挤压、升温，最终形成

了恒星太阳，但是出生期的太阳的温度与体积并不稳定，常常发生体积收缩、膨胀的现象。而体积变化的最直接后果是引起温度的改变，所以那个时候的太阳时暗时亮，无章可循。

但是太阳进入青壮年期之后，一切都变得正常了，正如我们现在所看到的太阳一样，能够稳定地发光发热。

然而科学家们推测，大约 50 亿年之后，太阳就会进入老年期，最终转变成一颗红巨星。在形成红巨星的过程中，它的体积会不断地膨胀，中心温度也将不断降低，发光颜色也将变成红色。

再经过 1 亿年左右，红巨星会变成一颗白矮星，并最终走向灭亡。

可能出现“天悬二日”吗

众所周知，后羿射日的故事只是一个神话传说，从古至今，我们看到的都是天上的一个太阳。然而，当我们对此深信不疑的时候，却有不少地区的人们看到了天悬二日的景观，甚至有人看到天悬三日、四日的景象，这是神话还是幻觉?

这不是神话，也不是幻觉，而是出现在特殊地区的一种自然现象。比如在我国最北方的寒冷地区，有时候人们会看到同时有几个太阳并排出现的景象，特别神奇。事实上，这些“太阳”都是空气中的水汽多次反射太阳光的结果。它们只是太阳的影像，并不是真正的太阳。

但是，除了类似的自然现象外，在未来，天悬二日也并不是不可能发生的。木星就有与太阳一争高下的可能性，这究竟是怎么一回事呢?

木星作为太阳系八大行星中的老大哥，它的地位一直是人们公认且不可动摇的。目前为止，人们观测到木星的中心温度大约为 28 万摄氏度。科学家们推测：假如木星的中心温度能够达到 700 万摄氏度，它就能发生核聚变反应，自己发光发热，并从此进入恒星家族。

还有一项发现不得不提：在过去的 1500 年间，木星的亮度竟然增加了 0.024 倍！并且，木星向四周散发的能量中，只有 2/7 是来源于太阳，剩下的能量都是木星自身拥有的。这一发现表明：木星拥有自己的能量源！

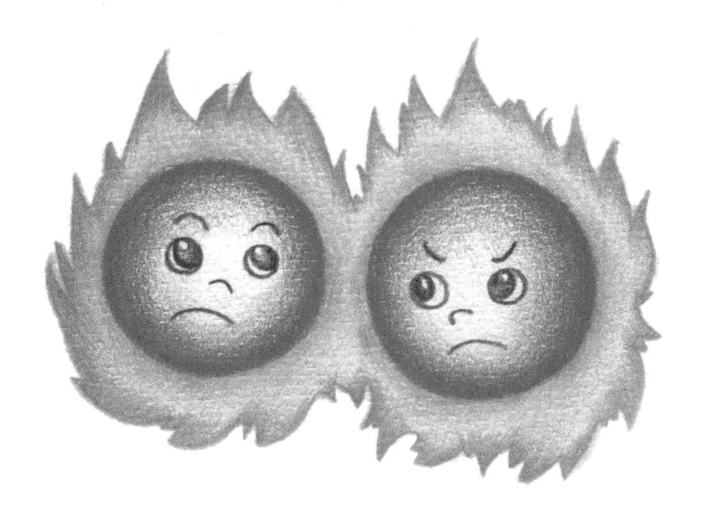

太阳正在以不断消耗自己的质量为代价来释放能量，而木星由于不断吸收太阳的放射物而逐渐增长，这样看来，几十亿年后的未来，天悬二日是有可能成为现实的。

一天会有两次日落吗

世界上存在一天两次日落的地方吗？假如存在的话，那么首先它要有两次日出。我们知道，地球围绕太阳自西向东转动，在转动的过程中它只能向前，不会倒转。既然这样，怎么可能出现两次日出和日落呢？

在瑞士的一个小山村中，几乎每天都能见到两次日出和日落，人们已经习以为常了。这究竟是怎么一回事呢？

我们先要明白什么是日出和日落。通俗地讲，日出就是太阳从地平面上升起，被人们看到了，而日落刚刚相反。不过不同地区人们所参考的地平线并不相同。就拿瑞士的小山村来说，由于村子的周围是两千多米高的山峰，而村子就坐落在呈平行形状的山峰之间。所以，对于生活在山地的村民们来说，每天当太阳在第一座山旁边升起的时候，就出现了第一次日出。等到正午时分，太阳渐渐上升，当太阳上升到被第一座山挡到的时候，村落就出现了第一次日落，进入黑暗之中。当太阳继续南移，进入两山之间时，村落再次受到阳光的照射，这相当于第二次日出。奇怪的是，就连公鸡也会重新打鸣。到了傍晚时分，

当太阳从第二座山落下的时候，村子真正进入一片黑暗。

不过，除了这个奇怪的村子之外，瑞士还有一个神奇的村子，几乎会持续好几个月都看不到太阳，就像极地地区进入极夜一样。这种现象又是怎么形成的呢？

很简单，这种奇怪的现象也是由于直入云霄的大山挡住了太阳光线的缘故。因此那里的居民只好对着时钟度过一个漫长的“黑夜”。

为什么紫外线辐射对人体有害

夏天来临，防紫外线的太阳帽、太阳伞等到处可见，各种各样的防晒洗化用品更是泛滥成灾，让人眼花缭乱。从这些生活用品中我们可以看出，太阳紫外线确实是个很不受欢迎的东西，到处都在“防”它，那么它究竟是个什么东西呢？它对人们又有什么害处呢？

紫外线是一种电磁波，也是太阳辐射的一部分。我们之所以看不到它，是因为它属于不可见光。它主要是由三个不同波段的光线组成的：短波紫外线、中波紫外线、长波紫外线。其中短波紫外线的杀伤力最强，可以透过皮肤真皮层，破坏人的DNA，制造癌细胞。不过一般短波紫外线能够在臭氧层被吸收掉。下面我们具体看一下紫外线对人体的伤害。

紫外线对人体皮肤的影响。夏天，经过长时间的阳光照射，皮肤会变黑。这主要是由于黑色素沉淀所造成的。但这还不是紫外线最厉害的地方，由于光化学反应，强烈的紫外线照射会引起细胞中的酶变质，轻则会引起皮肤干痛、红肿，重则会引起癌细胞病变。

紫外线对眼睛的影响。受到紫外线的照射，人的眼睛会出现流泪、疲惫、视线浑浊、怕光等等很多状况。而且，紫外线对眼睛的影响是积累性的，有很多老年人的眼睛疾病都是由于长期受到紫外线的累积照射所引起的。

紫外线对中枢神经的影响。受到强烈紫外线照射的表现是头疼、头晕、体温升高等等。

以上就是紫外线的负面影响，紫外线辐射这么可怕，千万可要小心了啊！

星云是一种云彩吗

当你看到星云这两个字的时候，如果觉得它是一种星状的云彩的话，那就大错特错了。千万不能望文生义，宇宙中的星云其实是一种天体。是不是更奇怪了？在我们的印象中，天体大都是球状的，究竟什么样的天体能够用云来形容呢？

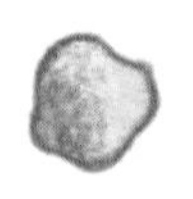

其实，星云可以呈现出各种各样的形状，当然也有球状的。它们主要是由星际空间中的气体、尘埃等混合物组成。因此星云的密度很不均匀，并且相当稀薄，但是由于它的气体能够绵延到几十光年以外的地方，所以它的体积庞大，质量一般也比恒星更重。

说起来，星云和恒星之间还有着一定的“血缘关系”呢。为什么这么说呢？恒星作为能发光的气体天体，时刻都向外散发着气体颗粒，而这些气体颗粒往往能够被星云所吸收。同时，当星云吸收到足够多的星际物体，就会在中心不断积聚升温，并在一定的条件下形成恒星。所有的恒星都是由星云形成的，由此可见，两者之间的关系非常不一般。

由于宇宙中的星际物质分布很不平衡，任何气体、尘埃都有可能在引力的作用下被吸引过来，积聚到一起，形成云雾状，所以人们就形象地称它为星云。最初的时候，人们把所有云雾状的天体都称为星云。后来才将它们细分为星团、星系和星云三种类型，比较著名的星云有大星云、马头星云等。

原来，星云是这样的一种天体啊！

蝴蝶星云的翅膀是怎样形成的

你是不是很喜欢漂亮的蝴蝶呢？尤其是它那双让人羡慕的翅膀，好像一件美丽的花衣裳。其实，不仅自然界中有蝴蝶，在遥远的太空中，也有一种很漂亮的蝴蝶星云。

现在，你是不是很想了解一下蝴蝶星云呢？蝴蝶星云的形状和它的名字非常契合，两边有一双和蝴蝶一样漂亮的翅膀，虽然人们还没有完全明白它其中的细节问题，但却能够告诉大家蝴蝶星云的美丽“翅膀”是怎样形成的。

你可以想象一下，有两颗彼此绕转的恒星，当这两颗恒星的生命快要走到尽头的时候，它们中间的盘面中就会被散发着热量的气体冲向两端，形成了美丽的蝴蝶“翅膀”。

蝴蝶星云是在1947年被发现的，有人曾把这种星云称为“双喷流星云”。2009年的时候，“哈勃”太空望远镜曾经拍摄到这种美丽的星云景象，那张照片被人们形象地称为“蝴蝶照”。在蝴蝶星云的形成过程中，气涡中的温度会非常高，气流的速度也会快到让我们不可思议。有人说，如果以这样的速度来计算，从地球到遥远的月球，只需要不到半个小时的时间就能到达。看来，这种气涡的威力真不小。

暗星云为什么是“黑”的

我们先来说一下亮星云。一般认为，存在于恒星附近的星云就是亮星云，因为它们能够被恒星照亮。相反，那些本身密度很大，能够把“背后”发光天体的光线遮住，或者周围没有亮星能够将它照亮的星云就是暗星云，因为它看上去几乎是黑暗的。既然如此，它为什么能够被人们发现呢?

虽然暗星云本身不会发光，甚至还能挡着别人的光，但是它却能够吸收和散射其他发光体的光线，因此在那些亮

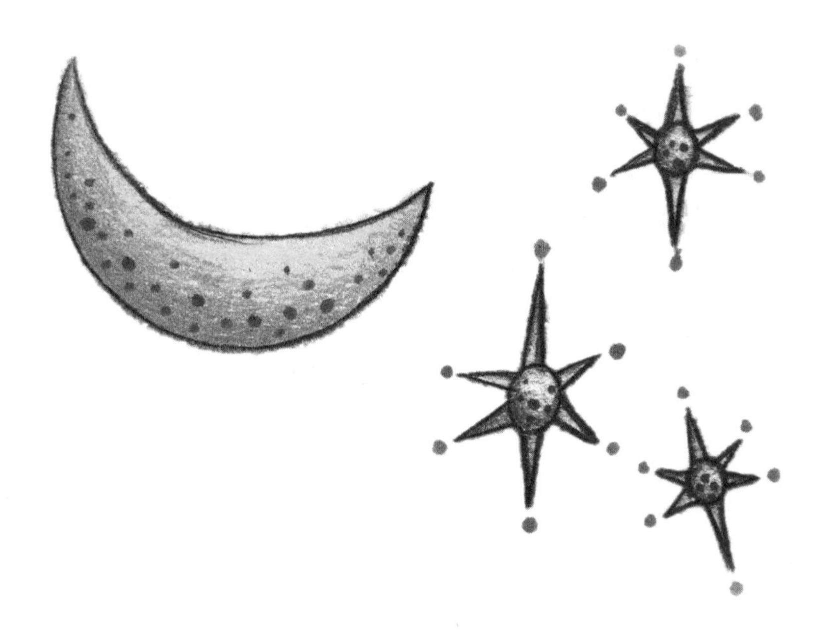

星云的衬托下，它还是能够被发现的。

作为宇宙中不发光的云雾状天体，它和亮星云一样，是由各种弥漫物质形成的。它们的形状千奇百怪，质量有大有小。质量小的还不足太阳的千分之一，质量大的甚至能达到太阳的几百倍，并且不同星云之间的内部构造也有着很大的差异。

有趣的是，暗星云并没有固定的外形和边界，它们的形成往往没有规律可循。并且，由于宇宙中恒星的分布并不是均匀的，所以宇宙中的暗区非常多，而这些区域就是暗星云的家园了。就拿我们所熟知的银河系为例子，它里面也存在很多暗区，其中天鹅座暗区最为出名。另外，猎户座的马头星云和蛇夫座的 S 状暗星云都是非常著名的暗星云。

4 仰望行星家族

yang wang xing xing jia zu

太阳系的八大行星有哪些

关于太阳系中的行星，有两种不同的观点，有人说太阳系有八大行星，有人说太阳系有九大行星。这两种观点的争论，已经有了最终的结果。我们先来看一下什么是行星。

通常认为，围绕着恒星运动的天体，我们称之为行星。事实上这个定义比较宽泛，一颗真正的行星必须具备几个条件：首先，它的公转方向和所围绕的恒星的自转方向相同；其次，它必须是质量足够大的近似于圆形的天体；再次，它的中心不能发生核聚变反应，也就是说它不能发光发热；最后，它有足够大的引力，能够将运行轨道附近的小天体吸引过来，从而保证运行轨道的畅通。只有满足以上几个条件，我们才会承认它是行星。

在太阳系中，金星、木星、水星、火星、土星、地球、天王星、海王星这八颗星球都已经满足了以上所列出的条件，因此它们是人们公认的行星。但是在起初的时候，冥王星也被人们列入行星的范畴。后来人们经过

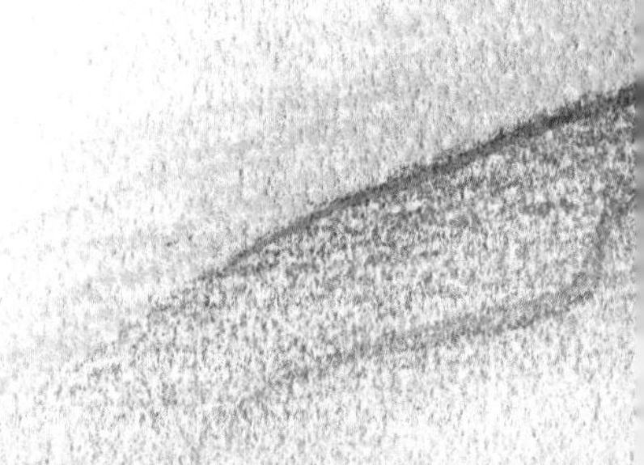

很多年的观察发现，这个距离太阳系最远的天体，虽然也算满足了行星的前几个条件，但是由于它的质量远比其他天体小得多，引力并没有大到能够吸引其运行轨道附近天体的地步，因此，它不属于行星的范畴。2006 年召开国际天文学联合会的时候，天文学家们终于通过表决确定，将冥王星正式踢出行星家族！自此，太阳系中只有八大行星。

金星上曾经存在水体吗

据说，天上的每一颗星星都代表着一个神仙。不知道你们有没有印象，在很多跟神话有关的电视剧中都曾经出现过一位叫作“太白金星”的神仙，这样说来，金星所代表的大仙就是“太白金星”了。然而抛开这些神话传说，由于金星还常常出现在东方天空的黎明时分，所以人们口中的启明星指的就是它。又由于它还常常出现在西方天空的傍晚，因此人们口中的长庚星指的也是它。同时，由于它看上去皎洁明亮，就像一颗美丽的钻石一样，所以西方人将它视为美神维纳斯的象征。这样一颗带有传奇色彩的行星，难道它的表面真的曾经存在水体吗?

我们都知道，地球上有 71% 的面积被水覆盖。水是万物生长的源泉。现在，面对人口越来越多的压力，科学家们也在不断寻找其他水源。而科学家们经过研究发现：金星在遥远的过去或许存在水体，但是因为潮汐运动产生能量的缘故，使得星体表面突然升温，形成温室效应，气候变得恶劣，水体消失。

科学家们还推测：宇宙中很多天体上的干旱情景可能都是潮汐吸引力造成的。很多星球上都存在着比地球强很多的潮汐力，正是潮汐力的作用

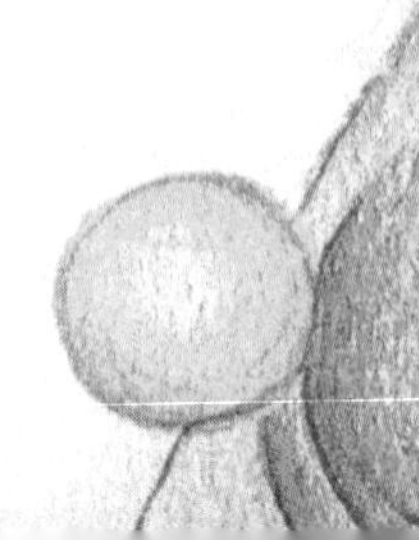

使得星体本身的形体发生了变化，并最终失去液态水，这是潮汐加热的结果。

不过上面的一切都是科学家们的猜测，谜底并没有真正解开。

木星为什么是太阳系的“老大哥”

上面我们提到了“太白金星”，而在古代的时候，木星被人们称作“太岁星”。“太岁头上动土”这句话中的“太岁”指的就是木星。这句话的意思我们都明白，它以抬高自己、蔑视别人来说明自己高高在上的地位。就连西方国家，也用“宙斯”来称呼它。我们知道，宙斯是希腊神话中的主神，是王者的象征。说到这里我们不禁要疑惑了：为什么用木星来象征一个人“神圣不可侵犯”的王者地位呢？木星难道是行星中的“老大”？

是的！我们生活在地球上，一直觉得地球很大，然而，在太阳系中的八大行星中，无论是体积还是质量，地球都不是最大的，科学家们一直公认的“老大哥”是木星！

在体积和质量上，它以分别大于地球1300倍和318倍的优势位列第一。作为一颗体型庞大的气体星体，它的质量要比太阳系中其他七大行星以及周围的卫星、小行星、尘埃颗粒等所有天体的质量之和还要大。

在温度上，主要由氢气和氦气组成的木星的中心温度可以达到3万多摄氏度，是太阳系中除了太阳、月亮、金星之外最亮的天体。

在磁场上，它拥有强于地球10倍的磁场，多于地球100倍的磁气圈分布，是太阳系中磁气圈最大的行星。

以上的事实均能证明，太阳系中的“老大哥”地位是非木星莫属的。

水星凌日是什么现象

从八大行星距离太阳的位置上我们可以看出，水星是最靠近太阳的一颗行星，因此它能最大限度地接受来自太阳的光线。同时，由于它的体积和质量非常小，仅仅比月球大三分之一，所以，它在绕日公转的时候常常被太阳的光线给挡到，即便是利用望远镜也很少能够观察到它的存在。不过正是由于水星这些特点，才会形成一个特殊的现象——水星凌日。

查一查字典我们可以知道，凌具有凌驾、压倒、渡过等意思。简单说来，水星凌日指的是当水星运动到太阳和地球的中间时，挡住了太阳照射到地球上的光线，并在太阳上形成一个黑影的天象。

我们知道，水星本身是不会发光的，再加上它比较小，所以它又不能挡住太阳的全部光线，这样一来，太阳就像是被咬了一个黑洞一样。并且，随着时间的推移，黑洞还会在太阳上不断地行走变化。这就是罕见的水星凌日现象。

它的形成原理与日食、月食的形成有很大的相似之处。不同的是，月球与地球是在同一个平面上，而水星的运行轨迹与地球的运行轨迹并不在同一个平面上，而是形成一个 7 度的倾斜角度。

所以，同时运动着的三个星体出现在同一条直线上，并且水星位于太阳与地球之间的情况通常是很难出现的。只有在地球轨道和水星轨道的升交点和降交点处才会出现这种现象。

据说这种现象在 1000 年里才能出现 134 次!

火星上真的有"人面像"吗

喜欢科幻的人都知道，一直以来，以火星为题材的科幻电影和动画片都很受人们欢迎。火星也是科幻小说中出现次数最多的一个星球。再加上有不少关于UFO的报道，人们不得不猜想，火星上是不是真的有外星人居住？它为什么如此神秘？

其实，人们对火星的探索从未停止过，早在1976年的时候，美国的火星探测器就已经在火星上拍到过一张极似人脸的照片。由此，科学家们发出这样的猜测：人脸会不会是外星人遗留在火星上的证据？

这个猜想提出来之后，人们对于人脸的描述就变得更加神乎其神了：这张人脸极具女性的特征，它的眼神温柔而又忧郁，似乎在期盼什么，而且越看你就越肯定自己的猜想……

但是还有一些科学家说，照片上我们所看到的效果，其实是一种光影造成的错觉，根本不是外星人的遗迹。因为尽管之前有很多火星探测仪拍摄的照片上都有人脸，然而最新的火星探测器所拍摄下来的照片显示，在火星的表面，除了一片红色而荒芜的土地之外，就只有受到外力侵蚀所形成的山丘了。人们之所以看到了一些人脸状的迹象，是由于光线对于起伏不平的山地所造成的阴影效果，人脸只是假象而已。同时，由于火星上非常寒冷，所以是不可能有生物体在上面生存的。

由此看来，关于火星上是否存在外星人的话题始终没有一致的答案，相信科学终将会给我们一个满意的解答。

土星真的能"浮在水面上"吗

据说金、木、水、火、土这五个行星是根据颜色来命名的。青色的是木星，白色的是金星，赤红的是火星，黑色的是水星，黄色的是土星。事实也确实如此，土星呈现土黄的颜色，周围环绕着很大、很漂亮的光环，好像戴着一顶漂亮的帽子。可是除了美丽的光环之外，土星还有一个神奇的地方——浮在水面上。这一点似乎很不可思议，我们见过大船浮在水面上，可是如此巨大的星球怎么能够浮在水面上呢?

其实，土星并没有真正地浮在水面上，浮在水面上只是人们根据它的密度所作出的假想。土星和木星是一样的，都属于气体星体。它的主要成分是氢气，当然也有部分的氦气。氢气的密度是非常小的，因此，用氢气充气的气球总是能够飘浮在空气中。我们知道，木头、冰块之所以能够浮在水面上，是因为它们的密度比水小；而土星的密度只有水的密度的70%。照这样来看，土星确实能够漂浮在水面上。

既然能够证实土星确实能够浮在水面上，我们再来看一看土星的光环的形成吧！关于土星周围的光环，一直有

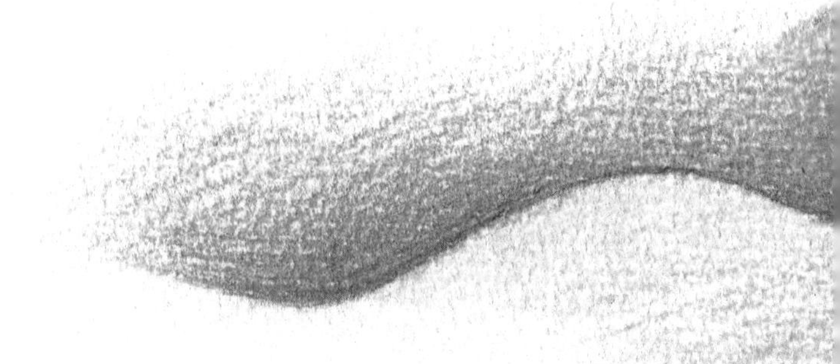

两种观点：一种认为是土星原星云形成的，另一种认为是小卫星在绕土星转动的时候形成的。

和地球一样，土星也有自己的卫星，而且为数还不少呢！

为什么海王星是海神的象征

我们已经知道金、木、水、火、土这五颗行星是根据颜色来命名的，那么，海王星是因为拥有大海的颜色而得名的吗？这个想法非常正确，不过你知道它那“大海”一样的蓝色是怎么形成的吗？它又为什么被人们视为“海神”的象征呢？

原来，海王星的主要成分是氢气、氦气，还有少量的甲烷。但是在海王星的高层大气中有一个吸收带，主要吸收大气中的甲烷部分，这是形成蓝色海王星的一部分原因。当然了，可能还存在其他方面的使海王星变蓝的因素。

尽管我们一直觉得，科学与神话传说是泾渭分明的，可是宇宙中的很多天体还是与神话传说联系到了一起，又是怎么回事呢？

西方国家对星座学一直很有研究，而天上的星体就是星座学研究

的基本对象。而且，自古以来，西方国家都会根据古希腊神话以及罗马神话等对天上的星体进行命名。就像海王星，西方国家用希腊神话中的海神尼普顿来给它命名，而海王星的图腾物也是海神的武器三叉戟，基于这个原因，人们才认为海王星是海神的象征。

不过奇怪的是，人们一直认为海王星是一颗阴性的、潮湿的行星，是女性的象征。

天王星为什么是一个颠倒的行星世界

据说，天王星不仅是太阳系中的另类，还是一个颠倒的行星世界，同时它还与海王星一起被称为双胞胎行星，这究竟是怎么一回事?

别急，让我们慢慢来解答。在太阳系中，几乎所有的行星都是围绕太阳自西向东公转，又按照同样的方向自转，唯有金星和天王星不太听话，虽然它们也自西向东公转，却在自转的时候翻了个个儿，变成了自东向西。不过，二者相较而言，金星还算“规矩”，起码在老老实实自转，天王星则不然，它的轨道倾角达到 97°，也就是说，它是躺着转的。你看，说它是太阳系中的另类，一点也不为过吧。

至于它为什么被称为一个颠倒的世界，事情是这样的：一般情况下，所有的天体都是沿着自转轴做立体运动，也就是说它的公转平面轨迹正好是与自转轴垂直的。但是天王星恰好是相反的，它公转的时候，平面轨迹与自转轴是平行的，如此看来它分明就是躺那儿运动的。因此人们称它为一个颠倒的世界。

另外，天王星的磁场两极与其地理位置上的两极位置差别很大。一般情况下，南北两极与磁场上的南北两极存在差异是很正常的，比如在地球上这个差异为 11.5 度的偏角，在木星上这个差异为 10 度的偏角；但是天王星上的这个偏角竟然达到 59 度。不仅如此，天王星上的磁场还有很多个极，几乎每一个极的偏角都很大。这恰好与海王星上的磁场是相同的。除了磁极之外，天王星上的很多种气体含量都与海王星相似。正是因为如此，人们通常将海王星与它放在一起，并称为双胞胎行星。

现在，你明白天王星诸多称呼的由来了吗?

什么是类地行星

大自然中无奇不有，长相相似的人、动物、植物随处可见，是很正常的事情。那么在浩瀚的宇宙中，有长得非常相似的星体吗?

答案是肯定的，尽管人们不能确定地球是独一无二的适宜人类居住的星球，但是已经发现了和地球在某些方面存在相似的星体。这些行星就被称为类地行星。那么，类地行星是什么样的呢?

地球的特征是密度大、自转速度慢、卫星较少、体积较小，因此类地行星也应该具有这样的特征。不过除了这些之外，类地行星还有其他特征，比如距离太阳较近，表面温度较高，主要由岩石所构成等等。

类地行星的主要组成成分是硅酸盐，它的中心以铁为主，我们熟知的五大行星中水星、金星、地球、火星都属于类地行星，只有木星是气体行星，属于类木行星。

其实，类木行星和类地行星是一样的，只不过类木行星是类似于木星一样的气体行星，它们的体积也如木星一样，比其他的行星要大得多，并且气体成分主要是以氢气、氦气为主。类木行星主要有土星、木星、天王星、海王星。

长久以来，人们一直怀疑类地行星上或许存在其他生命体，所以对类地行星进行研究具有非同寻常的意义，对我们寻找其他适合居住的星球有着重要的启发作用。

地球为什么被称为“蓝色水球”

浩瀚的宇宙中天体数以百万计，可是目前为止，已知的适合人类居住的仍然只有地球。地球是人类、动物、植物以及各种各样的微生物生存所依赖的唯一家园，也是唯一有生命体存在的天体。为什么地球是唯一适合人类居住的天体呢?

最重要的一点就是水源，很多星球之所以不适合人们居住，就是因为它们缺乏水体。但是我们的地球母亲可是一颗“蓝色的水球”呢！你知道这个称谓是如何得来的吗?

在地球的表面，有71%的面积是被水覆盖着的，剩下的部分才是陆地。从太空中拍下的照片上看，地球呈现出深邃的蔚蓝色，所以，地球就被称为蓝色水球了。

你们知道吗? 我们肉眼能够看到的水，包括海洋水、河流水、湖泊水、沼泽水等等，其中绝大部分的水都是咸水，根本不能直接利用。

相反，人们利用得最多的是肉眼看不到的地下水，以及高山上的冰雪融水，可是这部分水是很少的，并且分布很不均匀。

再加上目前人们在生活、生产的过程中的水资源浪费和环境破坏，已经造成了很多河流的严重污染，使得原本就十分紧张的水资源变得更加紧缺了。

为了保护人类共同的家园，节约用水，保护环境，势在必行，刻不容缓！

地球上的氧气会用完吗

我们知道，地球上的人口数量在不断增加，所消耗的各种能源、粮食等也在持续增长。那么，地球上的氧气会随着时间的推移和人口的增多而被消耗完吗?

这确实是一个值得研究的问题，可是研究的结果却是很令人欢喜的。

在意大利某城市中，人们曾经发掘出一个极为密闭的大坛子。经过考证，人们发现这个坛子是在1000多年前由于火山喷发而被埋藏下来的。经过化学家们对坛子中空气的测验，发现一个很惊人的事实：1000年前空气中氧气、氮气等其他气体的含量与今天空气中的含量是一样的！也就是说，尽管历经了1000年，空气的成分并没有发生任何变化！

这个结果真是匪夷所思，1000年前的人口远没有现在多，社会也不如现在发达，可是氧气为什么就像是从没有被消耗过

一样呢？

事情原来是这样的：地球上有很多原始的森林、草原，到处都种植有庄稼等。这些绿色植物能够通过光合作用不断吸收人类、工业制造所释放出来的二氧化碳，并释放出氧气。有人估计，一棵大树每天所吸收的二氧化碳相当于一个人每天所呼出的二氧化碳。如此算来，人们根本不用担心氧气用完的问题。

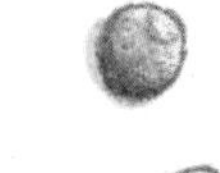

除此之外，海洋中也储存有大量的氧气。

其实这就是自然界维持自身平衡的规律所在，我们根本不用担心规律被打破、氧气被用完。

地球的子午线有多长

武则天当皇帝的时候，她的侄子武三思当权，武三思这个人蛮横霸道，常常欺压平民。当时唐朝开国功臣张公谨的后人张遂，对武三思的为人非常不满，为了躲避尘事，出家做了和尚，法号一行，也就是后来测出子午线长度的僧一行。

僧一行向来对天文历法很感兴趣，一直致力于对天文、数学的研究。开元年间，他曾经被朝廷征召编制历法。由于当时使用的历法存在很大的缺陷，因而僧一行主张在真实测量的基础上进行编制。

僧一行组织了很多人，在全国设立了 12 个观测站进行测量和研究。经过长时间的测量和修正，他终于计算出经度为一度的弧长为 351 里 80 步（唐朝尺度，合现代长度约为 131.11 公里）。这个结果虽然稍微大于目前所使用的数据 110.94，但是相对于技术落后的古代来说，已经非常不容易了。

这是世界上第一次测量子午线的记录，有极宝贵的科学价值。因为测

量子午线的长度，与测知地球大小有很大关系。经过此次测量，证明“日影一寸，地差十里”的说法是不正确的。

当时，僧一行计算出子午线长度的事情风靡了全国，甚至连外国的科学家们知道后也称赞他的聪明才智。毕竟，那时候很多国家的科学家们都想知道子午线的长度，但是从来没有一个科学家实地测量过，而僧一行的实地测量无疑是世界上的首例。因此人们把这项活动称之为科学史上划时代的创举。

为什么说臭氧层是地球的“保护伞”

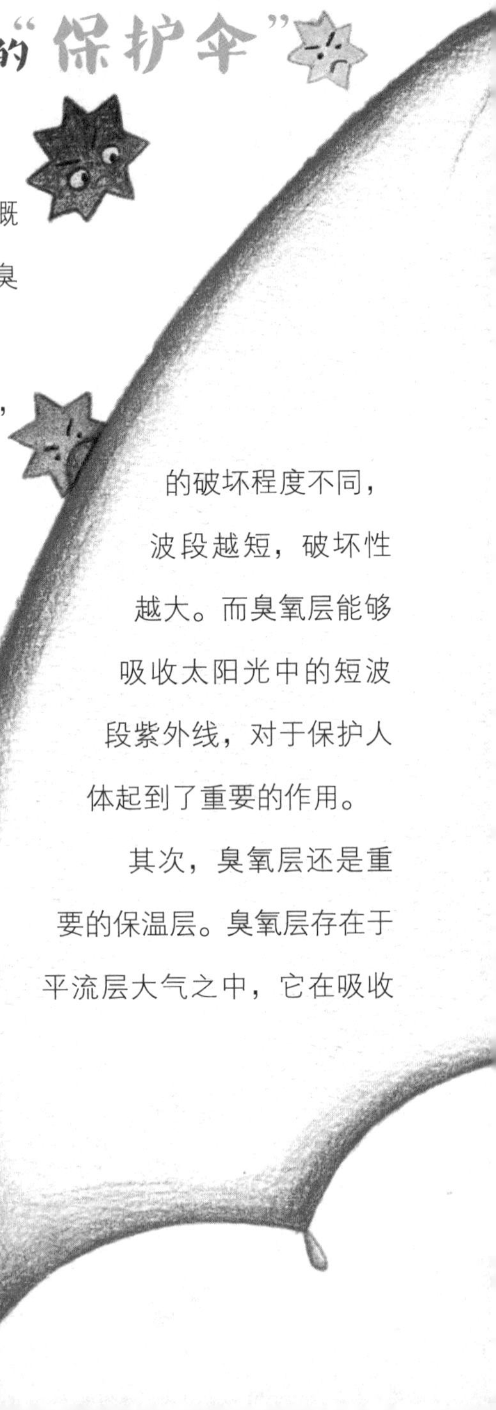

要想解答这个问题，首先要弄清几个概念：什么是臭氧？臭氧层是怎么形成的？臭氧层有什么作用？

臭氧是氧气的同素异形体，正常情况下，它是一种带有臭味的蓝色气体，常常聚集在地球表面上空20公里外的大气中，形成臭氧层。那么，臭氧层具有什么作用呢？人们为什么称它为地球的保护伞呢？

首先，它能够吸收紫外线，保护地球上的一切生命。太阳光中的紫外线由短波紫外线、中波紫外线、长波紫外线三部分组成。我们知道，紫外线对人体以及其他生命具有破坏性作用，并且不同的波段对人体的破坏程度不同，波段越短，破坏性越大。而臭氧层能够吸收太阳光中的短波段紫外线，对于保护人体起到了重要的作用。

其次，臭氧层还是重要的保温层。臭氧层存在于平流层大气之中，它在吸收紫外线的过程中能够转化一部分热量，使大气温度增加。因此，平流层的温度是随着高度的增加而增加的。这一层大气对地球的保温作用是非常重要的。

但是随着人类在生产生活的过程中制造出越来越多的工业废气等污染物，空气中的氯氟烃等化合物也不断增加，它们在平流层大气中与臭氧发生化学反应，以此消耗掉部分的臭氧，使臭氧的浓度减少，形成臭氧空洞。

试想一下，一旦造成臭氧空洞，到达地球的紫外线就会增多，这将对地球造成多大的伤害？地球的气候又会发生怎样的改变？

月球是地球唯一的天然卫星吗

相对于地球之外的其他天体来说，我们对月球——也就是俗语中的月亮并不陌生，或许我们早就已经听过无数次嫦娥奔月的故事，并且，我们几乎在每个晴朗的夜晚都能看到美丽的月亮。但是，大家对月球真正了解多少呢？它为什么是地球的卫星？它是地球的唯

一卫星吗?

我们在讲行星的时候提到过行星的必备条件：必须围绕恒星做周期运动。月亮是围绕地球做周期性运动的，这一运动特性正好符合卫星的特征：围绕行星做闭合轨道运动。所以它只能是卫星，而不是行星。

月球作为太阳系中的第五大卫星，也是地球唯一的天然卫星。它距离地球只有 38 万多公里，体积为地球的 1/49，质量是地球的 1/81。正是这样一个天然卫星，与地球组成了最基本的系统单位——地月系。

我们都知道，晚上肉眼能看到的最大发光体就是月亮，其实月亮根本不是发光体，我们看到的只是它反射的太阳光，毕竟只有恒星才会发光。也就是说，人眼看到的月光，并没有温度。因此，人们常用阴柔、寒光来形容月光。

需要说明的是，虽然月球是地球的唯一天然卫星，但并不是唯一的卫星，因为现在人造卫星也可以称为卫星。

月海是月亮上的海洋吗

地球上有东海、南海、黑海、死海等很多海洋，海洋也是地球上最大的水源所在地。不过，据说除了地球之外，其他星球上还没有发现有水源存在！可是科学家们竟然在月球上观察到月海，真是让人很不可思议，月海是月球上的海洋吗?

其实，月海是一个容易误导人的词语，尽管被称为海，实际上却一滴水也没有。之所以以海为名，是因为在早期的时候，由于技术上达不到，

人们根本无法清楚地看到月球的表面景象，只是根据地球上的情景，将月球上比较暗的部分猜想为海洋，将较亮的部分猜想为陆地。

那么，月球上黑暗的部分到底是什么呢？它又是怎么形成的呢？

人们猜想，月球上黑暗的部分可能是岩石。当其他小型的天体与月球相撞的时候，或许将月球撞破了，导致月幔流出地表，并在低洼处形成了岩石。由于光线的作用，使得那些低洼处显得比较黑暗，所以才被人们称之为月海，这个称呼就一直保存了下来。

在月球上，人们已经观测到很多个月海了，它们大多数分布在月球的正面，也就是面向地球的一面。不过除了月海之外，还有湖、湾、沼泽，当然，这些也不是真正的水体。

月球上有丰富的矿藏吗

作为人类唯一登陆过的星球，月球的秘密正在被人们慢慢破解。随着地球上的各种能源的不断消耗，面对越来越多的人口压力，人们已经将寻求矿产资源的目光转移到月球。甚至已经发现，月球上很多金属的储藏量比地球上还要多，真的是这样吗？

我们来看一下科学家们所给出的相关数据吧！

地球上最为常见的十几种元素中，在月球上的储藏量非常丰富，几乎到处可见。其中，月球的岩石是金属元素含量尤为丰富的地方，地球上所有的元素，在月球岩石中全部都有，并且含量还非常可观。就连地球上没有的元素，月球岩石中也存在。

尽管科学家们不能给出精确的数字，但毫无疑问的是，月海中的玄武岩中确实含有大量的铁、钛等元素，假如这些元素能够得到开发，对人类的发展将是一个很大的推动。而月球高地的斜长岩则是稀土、磷、钾的家园，并且这种岩石在月球上分布非常广泛，估计其储藏量可能高达 400 多亿吨。

有人算了这样一笔账：一吨的氦$_3$经过加工之后，可以得到 6300 吨氢气、70 吨氮气、1600 吨碳。照这样算来，月球的土壤中含有大约 71

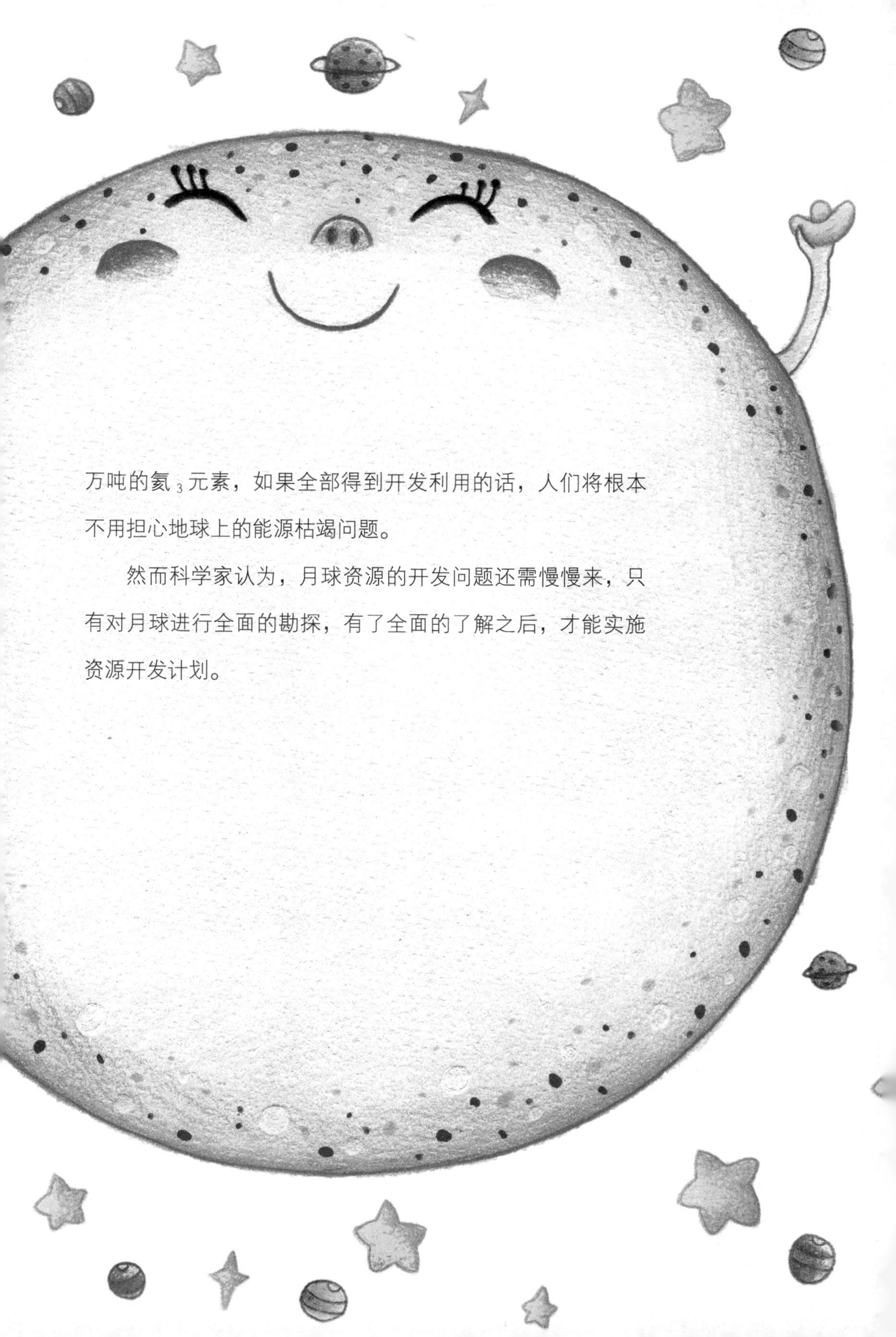

万吨的氦$_3$元素，如果全部得到开发利用的话，人们将根本不用担心地球上的能源枯竭问题。

然而科学家认为，月球资源的开发问题还需慢慢来，只有对月球进行全面的勘探，有了全面的了解之后，才能实施资源开发计划。

2040年神秘小行星真的会撞地球吗

科学家观测到，有一颗直径约140米的小行星有可能于2040年撞上地球。对于这颗可能撞地球的小行星，很多科学家都非常关注，并且展开了激烈的讨论。

这颗近地小行星名为“2011AG5”，是由一位美国的观测者发现的。到目前为止，人们还无法准确勘测它的构成成分以及质量，也无法对其运行轨道进行准确预测。

不过，这颗小行星想要撞上地球，必须先穿过一个名为“重力锁眼”的直径约为100公里的近地空间，之后，才有可能在地球引力的作用下，撞向地球。科学家初步判断，2023年2月，这颗小行星将会掠过地球附近300万公里的地方，并且有可能穿过“重力锁眼”区域；初步预测它与

地球相撞的时间为 2040 年的 2 月 5 日，概率约为 1/625。

虽然这颗小行星的体形并不庞大，但若真与地球相撞，其后果仍然不堪设想，有可能会引发很多自然灾害，形成极大的破坏力。基于这种忧虑，科学家们需要密切监视这颗小行星的“一举一动”，而对它进行观测的最佳时机为 2013 年到 2017 年。若是断定它进入了“重力锁眼”区域，并且袭向地球，那么科学家们就需要认真对待，想办法强行更改它的运行轨道了。

什么是“黄泉大道”

特奥蒂瓦坎古城位于墨西哥首都墨西哥城东北，有一条宽阔的大道贯穿南北。公元 10 世纪，几个阿兹台克人最早来到了这里。当时，他们沿着这条大道纵穿了这座古城，结果发现全城已经没有一个人了。面对这样一个巨大而沉寂的古城，他们心生敬畏，甚至觉得在这条大道两边的建筑都是神灵的坟墓，于是便给这条大道取了一个奇怪的名字——“黄泉大道”。

1974 年，有一个名为休·哈列斯顿的人对这座古城非常感兴趣，并且运用电子计算机计算出了这条大道的单位长度。然而，正是在这次测量中，哈列斯顿发现了一个惊人的秘密：“黄泉大道”两旁的金字塔遗址和神庙彼此间的距离，正好与太阳系行星的轨道数据相吻合。太阳与地球的距离为 96 个“单位”，与火星的距离为 144，水星为 36，金星为 72。在古城的城堡后面还有一条运河，这条河距离城堡的中轴线 288 个“单位”，与火星与木星之间小行星带的距离

相吻合。还有一座无名神庙的废墟，它距离中轴线为 520 个“单位”，这个数据相当于太阳与木星之间的距离。再过 945 个“单位”，还有一座神庙遗址，这也正好是土星到太阳之间的距离。从这里，再往前走 1845 个“单位”，就是月亮金字塔的中心，这也暗合了天王星到太阳的距离。

从这些太过巧合的数据中，科学家判定“黄泉大道”一定是按照太阳系模型来建造的，也就是说，当时的人们已经对整个太阳系的行星运行情况非常了解，并且推测出了太阳与各个行星之间的轨道数据。然而，这也是最让人不解的地方。1781 年，人类才发现天王星，海王星和冥王星也是分别于 1845 年、1930 年发现的。那么，在建造特奥蒂瓦坎古城时，人们又是怎样了解这一切的呢？目前为止，这还是一个难以解开的谜团。

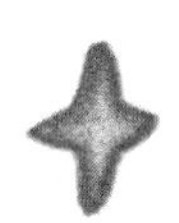

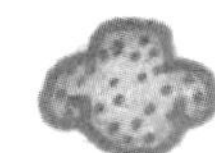

5

人类的太空之旅

ren lei de tai kong zhi lü

哈勃望远镜有什么独特的地方

望远镜是人们观察和研究天体必不可缺的工具，从某个方面而言，望远镜的发展甚至对科学家进行天体研究产生着关键性影响。那么，作为备受科学家欢迎的哈勃望远镜有什么独到之处呢？

哈勃望远镜是以一个天文学家的名字命名的，相较于地面望远镜，哈勃望远镜的优势显而易见——高悬于大气层之上。为什么呢？因为地面上的望远镜会受到大气湍流、大气散射的影响，而位于大气层之上的哈勃望远镜完全没有这种担心，而且视相度非常好。

20 世纪 90 年代，哈勃望远镜成功发射，当时，人们对这个耗费了大量人力和物力的大块头寄以深切的期望，但是，几个星期后，希望就逐渐转变为失望，它拍摄的图片质量与人们的预期实在是相差太远了。几经周折之后，科学家们发现，原来是望远镜的主镜片严重磨损，导致拍摄质量欠佳，随后对其进行了更换。诸如此类的问题，后来又出现了几次，好在最终都得到了完满解决。

尽管哈勃望远镜“体弱多病”，但仍然为科学家们提供了非常多的帮助，解决了地面望远镜视角不够或清晰度不足等各种问题。

作为天体望远镜中的绝对主力，哈勃望远镜或许能够支撑到 2018 年，在此之后，人们就要另寻他路了。

人类有可能飞出太阳系吗

人类的航天事业自第一颗人造地球卫星发射成功开始，至今已经取得不少成就。现如今，在太空中翱翔着各种各样的人造卫星，飞入太空、登陆月球也早已实现。然而，随着航天事业的发展，人类真的有可能飞出太阳系吗?

关于这个问题，曾有科学家表示，就算是将目前理论上最为先进的火箭推进技术运用到航天事业中，在人类有限的生命周期中，也根本无法到

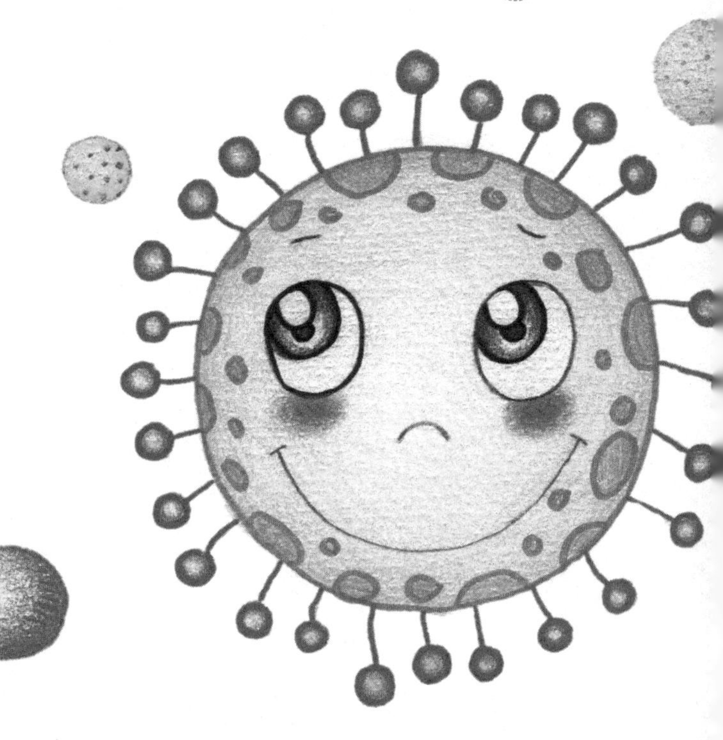

达任何一个太阳系之外的星体。这个说法就等于认定人类想要飞出太阳系，只能是一个梦想，不可能实现。

航空航天专家保罗·罗扎诺认为，人们进行星际旅行是非常困难的，这个工程里的难度远远超乎人们的想象。在所有的难题中，最大的困难是如何解决火箭的推进问题，以及怎样保证足够的燃料和动力持续时间。

而且，由于宇宙过于庞大，人类目前掌握的航天技术根本无法实现星际旅行。就算可以让飞船的速度达到光速，想要到离太阳最近的恒星——比邻星上飞一个来回，也需要将近 10 年的时间；想要在银河系溜达一圈，则需要花费几十万年的时间。更何况，人类想要达到光速，目前还是一个遥不可及的梦想呢。

不过，若依赖于爱因斯坦相对论的速度效应，也并非没有走出太阳系的可能。也就是说，一旦宇宙飞船达到某个速度，时间会发生膨胀，距离就会缩短，而当速度无限接近光速时，时间甚至可能停止，距离也会缩短为零。

人类有可能向太空移民吗

现如今，地球上人口数目庞大，已经过度消耗了人类赖以生存的有限资源，同时随着污染加剧，人类的生存环境也在不断恶化，再加上自然灾害等因素的影响……人类已经开始为地球的未来而忧虑了。

鉴于这些原因，在航天事业刚刚起步时，一些科学家已经进行了大胆的设想——实施太空移民，在地球之外建立生存基地，从而开辟出新的生存环境。要实现这个梦想存在很多困难，其中能否建立起密闭的生态循环系统是关键。

现在，随着科技的不断发展，一些国外科学家认为在月球上建立生存基地已经成为可能。他们不但将月球基地蓝图绘好，甚至都已经选好了地址。

还有一些人认为，人类是有可能实现火星移民的，因为火星气候四季分明，且有稀薄的空气存在，与地球的环境比较相似。当然了，想要移民火星，同样存在着很多难题，其中最大的难题就是建立起火星基地，而且还要适合人们长久生存。因为想要在火星与地球之间来往，必须要等到火星与地球达到某个特定的位置才行，这个过程长达 450 天左右。也就是说，唯有建立起一个能够支撑人类生存 450 天的火星基地，才有可能获得来自地球的补给。

所谓“路漫漫其修远兮，吾将上下而求索”，这是人类的探索精神，也是人类社会进步的动力。虽然太空移民现在还无法实现，不过各国的科学家们都在积极努力着。

时光旅行真的可以实现吗

根据爱因斯坦的相对论，一旦宇宙飞船的速度达到或超越光速，时光旅行就可能成为现实。然而，就目前的科技水平而言，人们想要靠地球上现有的能源达到光速，几乎是不可能的。

爱因斯坦假设了不少实现时光旅行的方法，其中最著名的一个方法是这样的：飞船在宇宙中行进的速度越快，时间的流逝速度就会变得越慢；

从理论上看，一旦飞船的速度超越光速，甚至有可能回到过去。不过，爱因斯坦也告诉我们，想要超越光速是不可能的，所以人们也无法回到过去。

然而，科学家们对这个课题依然充满兴趣，他们总结出了不少穿越时空的方法，其中最可行的就是利用虫洞。虫洞的两端连接着两个不同的时空，它的存在就相当于一个在时空中穿梭的快捷方式，当飞船以超越光速的速度进入一个出口时，飞船会瞬间移动到时间走得比较慢的那个出口，这也就相当于回到了过去。

然而，在时光旅行这个课题上，还有一个被称为“祖父悖论”的著名理论：假设你真的能够穿越时空，回到过去，结果你在那里不小心杀死了你的祖父，而你的祖父那时还尚未结婚生子，这样一来，你的父亲也就不可能出生了，自然也就不会有你。可是，如此一来，你也不可能回到过去，杀死你的祖父……

不管怎样，关于时光旅行，现在科学界仍然有不少的假设和争论。有人认为，它是可以实现的，只是在现有的科技水平下还实现不了；有人认为，它根本无法实现，只能存在于人们的幻想中。

宇宙空间站有人吗

空间站是环绕地球轨道运行的空间基地，也被称作宇宙岛。茫茫宇宙中，人类已经建立了不少空间站。那么，在空间站里到底有没有人呢?

答案自然是有的。人类在宇宙中建立的第一个空间站名叫“礼炮 1 号”，是苏联发射的。实际上，从那以后，又先后有不少的空间站被发射到太空，也已经有不少宇航员到宇宙空间站上工作，进行了很多的科学试验，并且获得了非常珍贵的科研资料和实验数据。

美国也曾于 1973 年 5 月 14 日和 1983 年 11 月 28 日，先后发射了名为“天空实验室”和“空间实验室”的宇宙空间站。宇宙空间站有着许多一般航天器所没有的优势，比方说，它的有效容积比较大，能够放置一些如长焦距照相机之类的较为复杂的大型仪器。

此外，空间站具有长期载人的能力，空间站上的工作人员可以直接操作很多精密的仪器，相比不能载人的航天器而言，能够完成更为复杂、精细的工作。

在宇宙空间站上，宇航员是轮换驻守的，每过一段时间就要换一批人。宇航员们短期驻留在空间站上，研究宇宙，吃压缩食品。等时间一到，就会有宇宙飞船将他们接回地球，同时将另一批人送上去。

外星人真的存在吗

所谓外星人，是人类对地球之外的所有智慧生物的统称。从古到今，人们一直对外太空充满遐想，也假想着外星人的存在。在一些史书上，更是记载了不少可能是外星人存在的奇异事件。那么，宇宙中真的有外星人吗?

实际上，对于外星人是否存在这个问题，人们现在还没有一个确切的答案，我们甚至还无法确定到底是否存在外星生命。

生命依赖于恒星发出的光和热，故而，只有在围绕恒星运转的行星上才有可能孕育生命，然而，并不是宇宙中所有的恒星都有行星环绕。

生物的进化需要经历漫长的过程，其缓慢程度甚至可以与太阳的演化过程相提并论。早在35亿年前，一种名为“蓝”的单细胞绿藻类生物就在地球上孕育出来了，而且进化得较为高级。而地球和太阳是在这种生物出现之前的10亿~15亿年前形成的，人类则出现在太阳系形成之后的50亿年左右。由此可以看到，地球在诞生之后，用了绝大部分时间孕育生命。

因此，诞生智慧生物的必要条件之一，是有一个恒星在大约50亿年的时间里持续地发出光和热。

另外，要产生外星生命，还需要有和地球的生存环境相似的星球。不过，天文观测结果显示，整个宇宙的大部分区域都有着比较均匀的化学元素分

布。因此，我们有理由相信，在某个遥远的行星上，也能够形成和地球上相似的有机分子。

根据这两个条件，或许在宇宙的某个地方，真的存在着外星生命。

什么是外星人搜索计划

为了在浩瀚的宇宙中搜索外星人存在的痕迹，截取外星人发出的雷达或者无线电广播信号，美国科学家曾经进行了 30 多万亿次的监听探测，共截收到 1.1 亿个无线电信号，这就是所谓的外星人搜索计划。在外星人搜索计划中，规模最大的一次是加利福尼亚大学伯克利分校自 1980 年起实施的一项目前为止最为广泛的太空搜索。

这项计划耗资 40 万美元，使用了目前为止灵敏度最高、功率最大的射电望远镜，该望远镜安装在波多黎岛上，覆盖了整个地球之外 28% 的天空。

当然，实施这项计划是基于一个前提的，就是在宇宙中确实存在着能

够孕育智慧生命的星球，以及已经孕育而生的外星生命。实施这项计划的科学家相信，宇宙中定然存在着这样的智慧生命，虽然他们的科技和智慧与地球人不同，但是他们的星球文明可能已经发展到能够接收来自地球的无线电信号的水平。

在发送地球信号的同时，科学家们也截收到了不少宇宙信号，对于这些信号，他们必须对其来源进行鉴定，看看究竟是来自天然发射源、人造设备，还是来自外星生命。

飞碟真的是天外来客吗

飞碟的说法起源于1947年6月的一天，当时，一位美国人正驾驶着飞机在天空飞行。忽然，他看到有几个巨大的圆盘样的物体飞向华盛顿州的莱尼尔峰。消息传出后，迅速引发了世界性的关注。因为这种怪物是圆形的，像个碟子，所以被称为飞碟。

从那以后，飞碟的说法便泛滥起来，成千上万的人声称自己看到了飞碟。那么，所谓的飞碟到底是什么东西呢？对此，人们有很多不同的看法，其中最让人觉得激动人心的说法是：飞碟是外星人驾驶的飞船。

说到这里，自然又回到了到底是否存在外星生命的问题上。前面我们已经分析过，只要满足适当的条件，在浩瀚的宇宙中，是有可能存在外星智慧生物的。不过，就算在遥远的星空中存在着智慧生命，并且掌握了比地球更为高超的航天技术，能够到地球上旅行，这些外星飞船刚好进入太阳系、来到地球上的概率也是非常小的，称之为千载难逢也不为过。这样一来，不断有人看到飞碟的说法，就有些不太可信了。

那么，这些飞碟到底是些什么东西呢？1969年，为了调查飞碟事件，美国特意组建了一个专家组，调查分析了已经发生的1.2万多起飞碟案例。调查结果显示，所谓的飞碟事件，其实大多数都是由一些特殊因素引发的

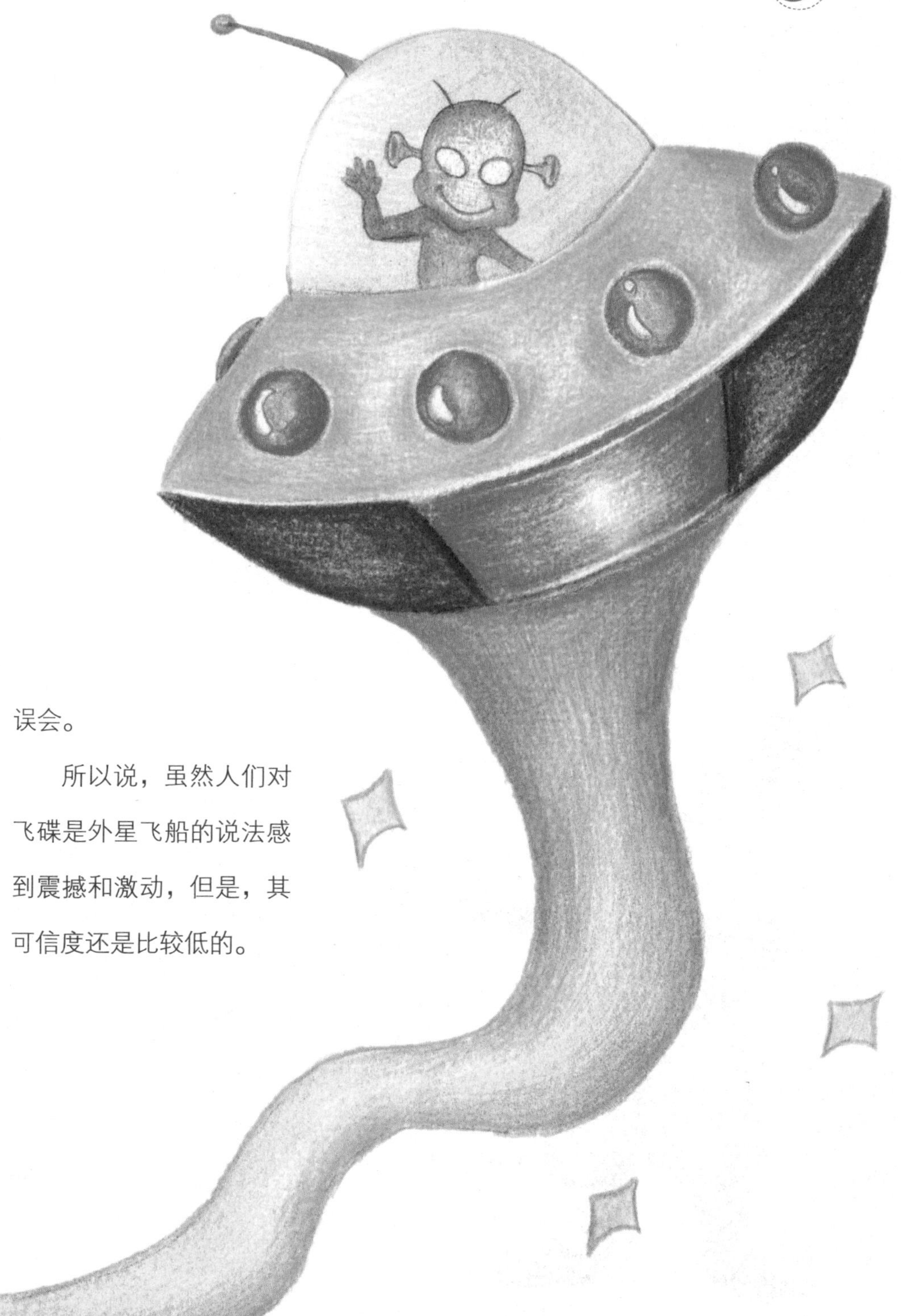

误会。

所以说，虽然人们对飞碟是外星飞船的说法感到震撼和激动，但是，其可信度还是比较低的。

科学家能够与外星人沟通吗

我们都有属于自己的语言系统，相通的语言使我们能够彼此沟通。不同国家、使用不同语言的人在一起，就算同样是人类，如果没有翻译的帮助，他们也无法交流。现在，很多人都相信有外星生命的存在。那么，不禁有人要问：就算真的有外星生物存在，科学家们真的能和他们沟通吗？

在相信有外星智慧生命存在的基础上，科学家正在研究应该运用怎样的信息表达形式，向外星人传送信息，让他们明白我们想表达的意思。在研究向外星人传递信息的同时，科学家们也要考虑，万一收到来自外星人的信号，我们应该怎样回应对方。

对于我们而言，想要搞清楚外星人在说什么并不容易，同样地，选择一种形式或者语言去和外星人沟通也一样困难。考虑到物理原理和数学知识应该是一种

不错的语言形式，所以科学家们都倾向于用数学和物理知识来传递信息。因为如果真的有外星人存在，并且接收到我们发出的信号的话，那么他们必然拥有比较先进的科学技术和文明程度，只有这样才能在浩瀚的宇宙中接收到来自地球的信息。

为此，在发送到宇宙中的探测器中，除了携带着包含地球信息的宇宙名片，还携带着包含声音的旅行者金唱片。

唱片的内容是由美国国家航空航天局委员会选定的，它不但记录了鸟鸣、雷声等自然界的声音，还包含了 55 种语言的问候语，以及来自世界不同地区的音乐。

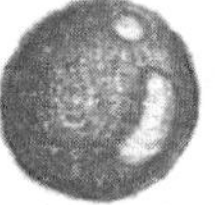

什么是空间探测器

人类要想更好地了解宇宙，必然要发明一些探索宇宙的工具，空间探测器就是这样的工具之一。

空间探测器，又叫宇宙探测器或者深空探测器。空间探测器上面一般都装载着各种科学探测仪器，它一般由火箭装载，送入太空。发射空间探测器的目的是到月球或者其他行星上进行近距离观测，以及长期观测人造卫星，或者直接着陆到月球或者其他星球表面，对其进行实地考察，然后采集样品，进行分析研究。

按照探测对象的不同，空间探测器可以划分为小天体探测器、行星际探测器、月球探测器等。

空间探测器想要摆脱地球引力，离开地球，必须先获得足够大的速度，才能进行深空飞行。探测器想要与目标行星相遇，并且成功登陆，在运行时就要沿着与目标行星轨道和地球轨道都相切合的日心椭圆轨道运行；另外，如果想要减

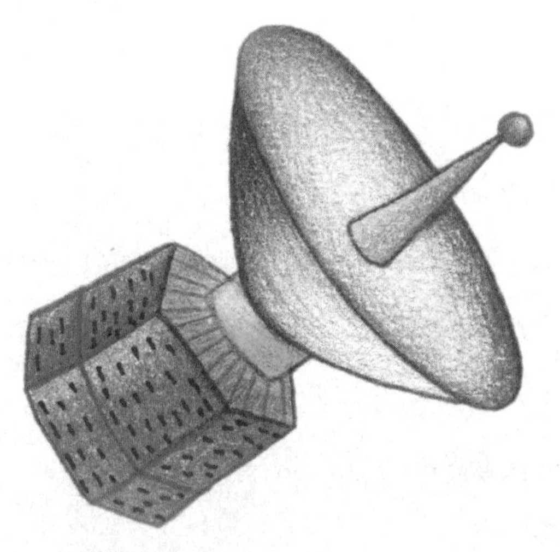

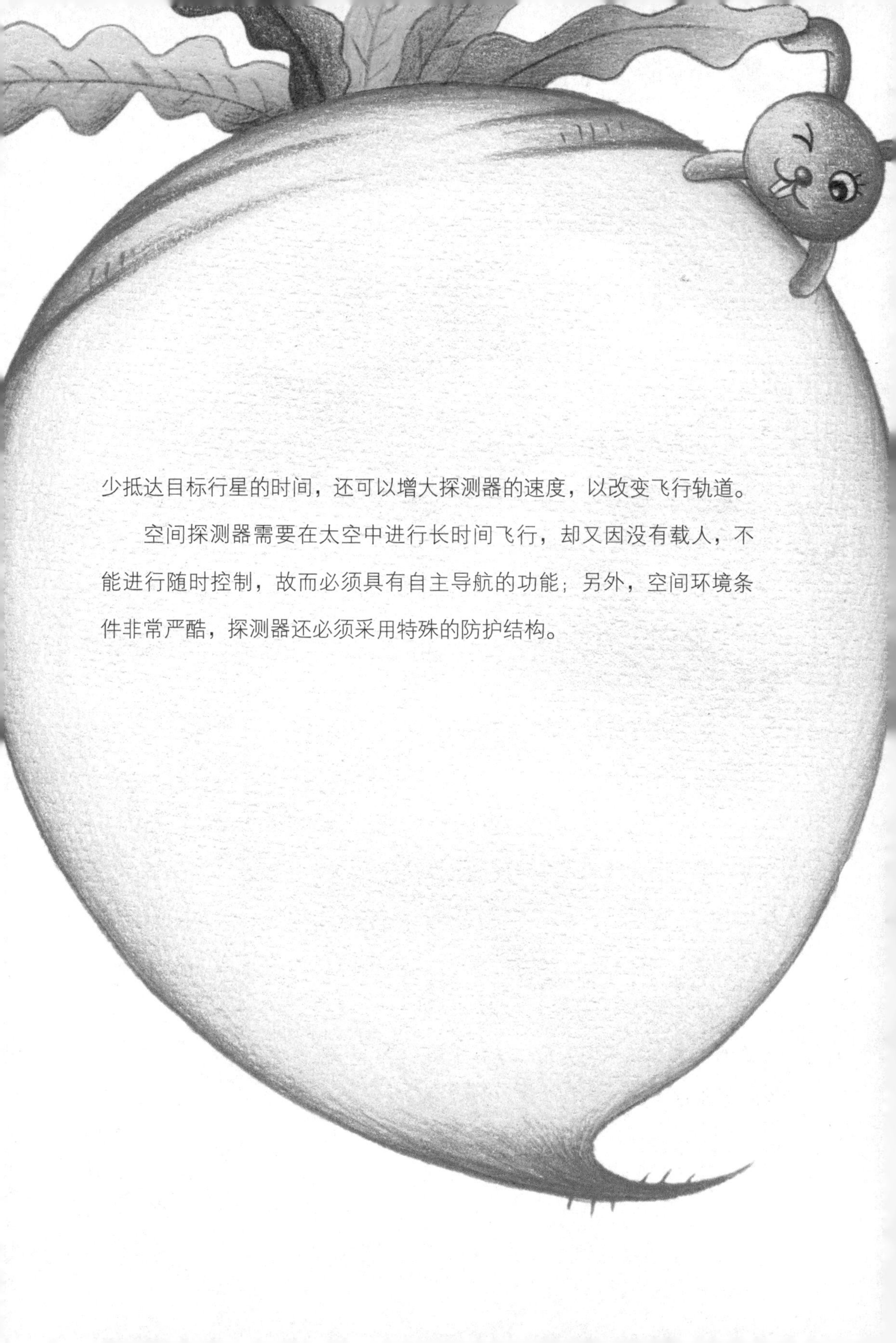

少抵达目标行星的时间，还可以增大探测器的速度，以改变飞行轨道。

空间探测器需要在太空中进行长时间飞行，却又因没有载人，不能进行随时控制，故而必须具有自主导航的功能；另外，空间环境条件非常严酷，探测器还必须采用特殊的防护结构。

火箭为什么能飞那么远

我们平时见到的发动机或者马达，大多与旋转有关，比如汽车发动机、蒸汽发动机、电动马达等。跟这些东西相比，火箭发动机有着完全不一样的原理。火箭之所以动力强大，能够飞得很远，是因为它采用的是一种反作用力式发动机。它的驱动原理正是一条著名的牛顿定律：每个作用力都有一个大小相等、方向相反的反作用力。火箭发动机就是通过向某一个方向抛射能量，从而得到与它相反方向的反作用力。

也许“抛射能量，获得反作用力”这个概念并不太好理解，我们不妨举几个例子。

使用过猎枪的人都知道，在开枪的时候，猎枪会产生很大的撞击力，将人狠狠地往后撞去，这就是反作用力；消防员在用粗大的消防水管喷水时，需要好几个人一起拿着消防水管，这也是因为巨大的反作用力在起作用，一个人的力气根本就抓不住水管；吹好一个气球，捏住出口，然后忽然松开手，气球会满屋子乱飞，这就是利用反作用力制造的一个微型“火箭”。

作为卫星、航天器等航天设备的搭载工具，火

箭自身带有足够的氧化剂和燃烧剂，既可以在大气中飞行，又可以飞出外太空。火箭发动机通过燃烧火箭内的燃料，产生巨大的反作用力，推动火箭升空。这就是火箭能够飞那么远的秘密。

为什么普通的飞机不能把卫星送上天

人造卫星是航天技术发展的丰硕成果，几乎每年都有人造卫星成功升空。每一颗卫星升空都离不开火箭的帮忙，我们不禁会产生一个疑问：飞机也能升空，为什么它就不能代替火箭把卫星运送到天上呢？

在回答这个问题之前，我们先来看看飞机的飞行原理。说起来，我们应该都玩过竹蜻蜓或者风筝之类的小玩具，虽然这些小玩意儿的结构非常简单，但是它们也蕴含着十分深刻的飞行原理。而飞机的机翼则和这些小玩具相似，飞行原理也类似，都是靠着气流浮动而产生的升力飞上天空的。

当飞机以一定的速度在空气里飞行时，机翼相对于空气是运动的。如果将机翼看作是静止不动的，那么空气气流则在不断地流过机翼；而机翼的下表面一般设计得比较平，上表面设计得有一定弧度。在飞机发动机产生的推力作用下，飞机开始飞行，而机翼上面的空气流速比下面快，这就造成了下表面的压力比上表面的压力大，于是它们的总体合力便向上，这样一来，飞机便在向上合力的作用下升上天空了。简单地说，就是飞机升空需要有克服自身重力的升力，而这个升力就是靠机翼与空气的相对运动获得的。

现在，我们应该不难理解飞机为什么不能飞上太空了。因为太空里的空气几乎为零，飞机无法借助机翼与空气的相对运动来获得向上的升力，自然也就无法在太空中飞行了。

人造卫星有哪些用途

一个星体若是环绕着另一个星体运动，那么，前者便是后者的卫星，比如，月球环绕着地球运动，因此月球是地球的一个卫星。随着航天技术的不断发展，越来越多的国家拥有了自己的人造卫星，那么，人造卫星是用来做什么的呢？

作为通信工具。通过卫星可以实现图像、声音、电波等信号的传输，这样，我们就有了电视、电话和电报。我们能看卫星电视，能用手机通话都是人造卫星的功劳。

作为侦察工具。卫星可以监测到其他国家的军事行动，因此它也被称为秘密哨所。人们运用卫星技术，关注别的国家的军事动向，从而采取行动保卫自己国家的安全。目前，卫星能够监测的范围非常广泛，比如可以监测别国的飞机、舰艇动向、军事部署等等。

天气预测。被放置在太空的气象卫星，从不同的高度鸟瞰着地球的大气层，得出的数据被传送到气象工作人员的电脑中，工作人员据此判断出台风、风暴、暴雨、暴雪等气象灾害，为我们提前预报。

导航。当船只在茫茫大海中航行的时候难免迷失方向，导航卫星能及时有效地帮助船只辨明方向，因此，导航卫星对于航海事业的发展作出了非常大的贡献。

帮助科学家探索地球上尚未发现的资源。科学家们根据卫星反馈的各种数据，完成寻找矿藏，研究农业种植情况，观测水文条件等活动。

人造卫星会坠落吗

不管什么样的卫星，都需要借助地球的引力、太阳的引力和月亮的引力运行，同时还要受到大气的阻力和光压的影响。在这些无形的压力面前，人造卫星也有着自己的寿命。

一般情况下，地球的引力能够为正在服役的卫星提供足够的向心力，保持它们的运动状态，故而很少有坠落的情况发生。然而，人造卫星能够到达的位置，通常还会存在少量的空气，这些空气会对人造卫星的运转形成一定的阻力。有了这个阻力，人造卫星会运动得越来越慢，最终坠入大气层燃烧掉。因此，一般的人造卫星上都有一个类似于发动机的装置。当然，即便拥有了发动机，也不代表人造卫星会万无一失，更不代表人造卫星永远不会寿终正寝。

人造卫星包含了很多精密仪器，这些仪器的健康状况，也极大地影响着人造卫星的寿命，有时候一个很小的地方出现故障，也会直接导致卫星的坠落；而且，高度越低的人造卫星越容易受到大气等其他因素的影响。

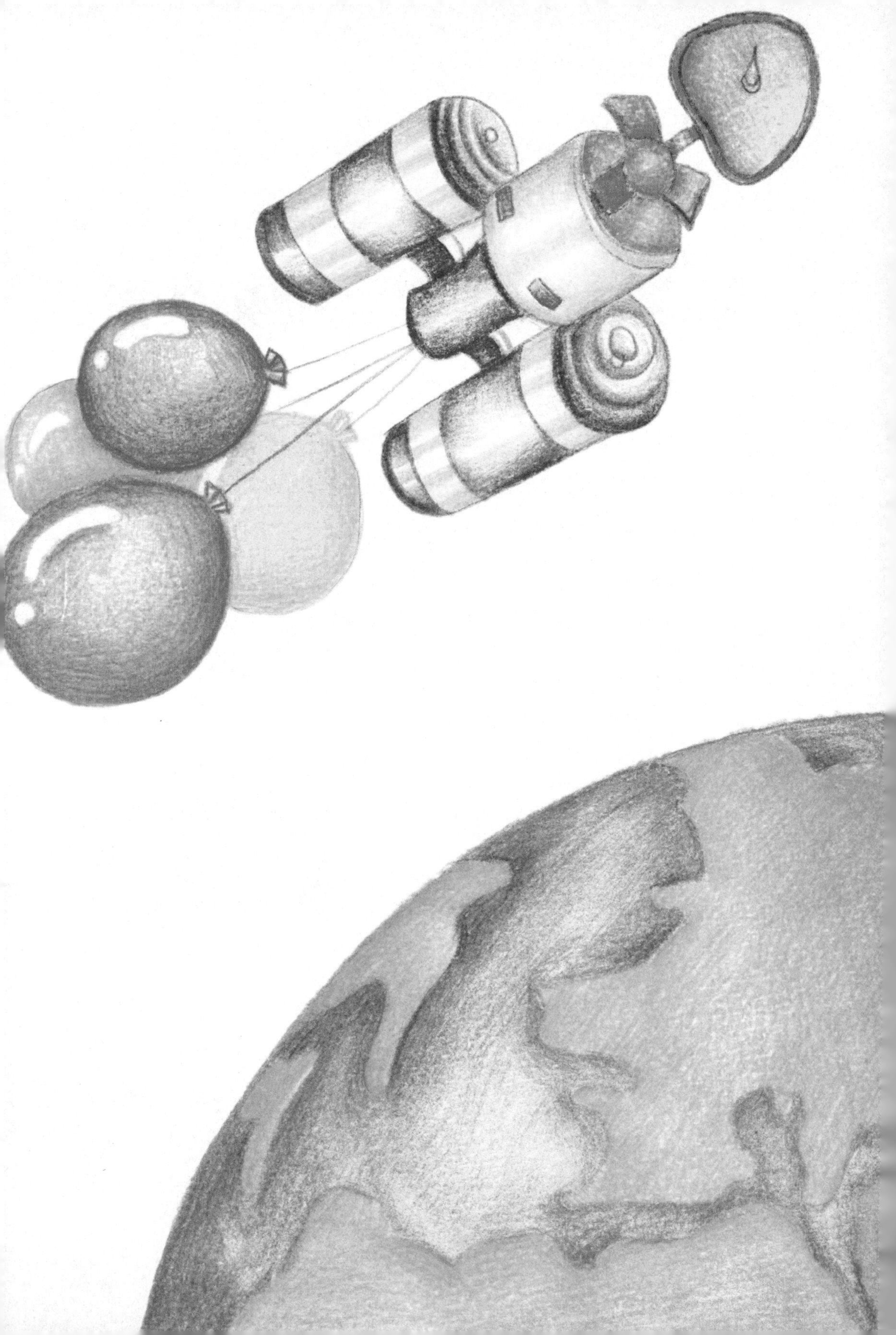

为什么发射航天器会破坏臭氧层

大自然对地球上来之不易的生命似乎格外关爱，在创造生命的同时，也创造了很多保护神来守护这些生命，臭氧层就是这些保护神中的一个。

臭氧层是一个特殊的大气分层，位于地面上空30公里左右的地方，担负着阻挡紫外线的重任。如果臭氧层遭到破坏，那么地球上的降水量和气温都会随之变化，将会影响到地球生态圈的循环系统。也就是说，保护臭氧层对人类而言是至关重要的事情，然而，现有的研究表明，发射航天器将会严重破坏臭氧层。这是怎么回事呢？

据科学家分析，人类每发射一架航天飞机，在发射最初的120秒时间里会有180吨氧化铝、7吨氧化氮、187吨氯气和氯化物被释放出来；每使用一次固体火箭助推器，也会释放出大量的氧化铝、氧化氮、氯气等物质。这些物质都是破坏臭氧层的超级杀手，一旦进入大气中，就会发生复杂的光化学反应，致使臭氧层变薄。

发射航天器对臭氧层的破坏是显而易见的，在无数航天器飞上太空的同时，科学家们也在呼吁人们保护臭氧层。据分析，如果一年内发射500枚液体助推剂土星5号运载火箭和300架航天飞机，那么臭氧层将遭到毁灭性的破坏。一些有识之士很早便认识到这个问题，呼吁人们及时采取相应的对策，以保护臭氧层。

宇航员为什么要穿航天服

我们在电视新闻或者纪录片中看到的宇航员，大多身着厚厚的“盔甲”，连鼻子、眼睛、嘴巴都不露出来，就像变形金刚中的机器人一样。那么，他们为什么要穿成这样呢？难道是要防御敌人的偷袭吗？

其实这样理解也并不完全错误，只是太空中的敌人和一般的敌人并不一样，它们是一些没有生命的空间碎片垃圾。为什么这么说呢？我们知道，太空中并不是空无一物，而是有很多人类制造的垃圾，这些垃圾可不像塑料袋、废纸屑这样的轻小，它们可都是人造卫星、火箭的残骸呢，杀伤力非常强大！这些垃圾悬浮在太空中，时刻做高速运转，一旦撞上太空中的宇航员，后果将不堪设想！不过，如果宇航员穿上特制的航天服，受到的伤害就会大大降低。所以航天服对于保护宇航员不受外界的侵袭有着重要的作用。

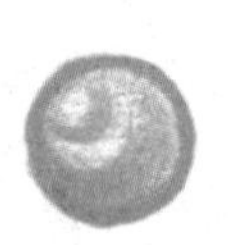

另外，人们只有在特定的大气压下才能生活，离开了那个特定的环境，就无法生存。太空中就没有符合人类生存的条件，航天服能够提供宇航员所需要的大气压力，保证身体机能的正常运转。即便是在航天器遇到故障，舱内压力急剧下降的情况下，航天服也有帮助宇航员提供压力和紧急供氧的功能。并且，航天服除了能够为宇航员提供压力和氧气，还能为宇航员保持适当的温度和湿度，给他们创造一个相对舒适的环境。

现在你明白为什么宇航员要穿航天服了吗?

宇航员怎么吃饭睡觉

由于太空中基本上没有引力，所有的物体都是飘浮着的，所以很多人对这个问题非常感兴趣，他们很想知道，在一个失重环境中，宇航员到底是怎么吃饭、怎么睡觉的?

我们先来说一下吃饭的问题。

在家里，各种各样的菜肴用盘子盛着，放在桌子上供你选择。但是在太空中，这些菜肴才不会老老实实地呆在盘子中呢！它们到处乱飞，飘来飘去，想吃你也抓不到它。所以，人们只好研制了一套特殊的餐具：餐具是用带有磁性的金属制成的！这样，一旦桌子固定下来，桌子就能够把盘子吸引下来，盘子就能把刀叉吸引下来。这时如果你觉得可以吃饭了，那你就错了，因为宇航员也需要把自己给固定下来，然后才能开始吃饭。

宇航员吃饭是一件非常有趣的事情，有人说当他们夹住菜之后，一定要快速张嘴，咬住食物，然后快速闭嘴，这样才能品尝到食物的美味，不然食物很快就会从口中飞走。基于这个原因，很多食物都是经过压缩之后装在牙膏瓶里的，吃的时候直接挤入口中就行了。

宇航员睡觉也是一件非常有意思的事情。在失重的环境中，飞来飞去的人怎么可能躺下睡觉呢？要知道，他们甚至没有东、南、西、北与上、下之分。

挂在墙上睡觉！乍一听，觉得挺搞笑的，挂在墙上怎么睡觉？事实就是如此，宇航员先要钻进特制的睡袋中，然后挂在船舱里的墙壁上，才能美美地睡上一觉。

太空行走有什么意义

太空行走，又称为出舱活动，可以从两个方面来定义这个活动。第一个方面指的是宇航员离开乘员舱进入太空中的活动，第二个方面指的是宇航员在地球以外的天体中完成各种任务的过程。

太空行走有两种不同的方式，一种是最早的脐带式服装，一种是最新研制的被称为“微型载人航天器”的服装。当然，不同的时代，人们太空行走的目的也各不相同。比如1965年苏联宇航员列昂诺夫在太空中行走的目的有两个：其一，表明人们在航天技术上取得了一次较大的突破和成就；其二，表明苏联在航天方面的技术已经超越了美国。当然，美国也在苏联超越自己三个月后，实现了宇航员的太空行走。后来，人们才开始渐渐重视太空行走的真正现实意义。

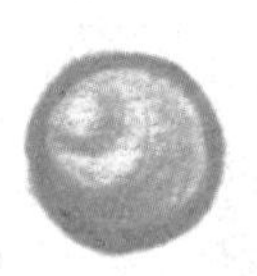

那么，这种现实意义到底从哪方面来体现呢？比如，太空行走的技术成熟后，宇航员就可以出舱对受到损害的宇宙飞船部位进行修理，不至于在宇宙飞船出现个别部件受损后，只能向地面报告信息，然后坐以待毙。另外，太空行走还可完成更多的任务，把更多有用的信息反馈回地球，比如建造空间站、建立空中实验室等。

2008 年 9 月 28 日，中国“神七”载人飞船航天员翟志刚跨出了中国人迈向太空的第一步，它体现了我们国家整体科技发展水平，是中国成为航天强国的标志。

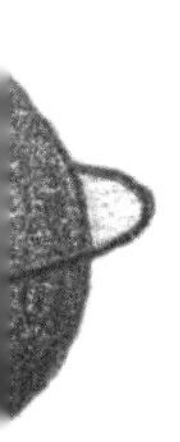

航天飞行的第一个牺牲者是谁

最早发射人造卫星的国家是苏联，第一次搭载生命个体飞向太空的国家也是苏联，那么，你知道第一个在太空中的牺牲者是谁吗？首先，我们先要了解一下宇宙飞船的历史。

历史上第一颗飞上太空的人造卫星携带了一台无线电发报机，虽然现在看来这并不是一件爆炸性的新闻，但对当时来讲，已经是一个很大的突破了。很多人都围着一个收音机仔细揣摩来自另一个星球上的声音。有人会问，不是要讲宇宙飞船的历史吗？为什么讲的是人造卫星呢？

其实，人造卫星就是宇宙飞船的前身。1957 年，第二次升空的人造卫星上面已经有了第一位“乘客”——小狗莱卡，它将为人类提供宝贵的数据，首次证明地球动物能够在失重的状态下存活。为了能够让莱卡在一个干净清洁的环境中生活，科学家还在舱内安装了处理空气和粪便的装置。当然，人们还想到办法来保证莱卡每天都能拥有自己的三餐。尽管如此，由于受当时科技水平所限，人们并

没有研究出让人造卫星返回地球的方法，于是，人们不想让莱卡受到更多的折磨，计划在它完成任务后，给它吞服毒药。尽管莱卡因太空舱内温度过高仅存活了几个小时，但它为日后苏联发射载人航天飞船奠定了基础。

现在，你知道第一个牺牲在太空中的是谁了吧！

太空育种能增加产量吗

吃过太空西瓜的人知道，太空西瓜真的没有籽，又甜又可口，非常好吃。那么，到底什么是太空育种？太空育种又有什么优势呢？

其实说白了，太空育种就是在太空中培育种子。其培育的对象包括两类，一类是农作物的种子，一类是农作物的试管幼苗。人类将它们送上太空之后，利用太空中的强辐射、高真空、微重力等地面无法模拟的地理环境对种子进行诱变，使种子发生变异。然后将变异后的种子带回地面，进行选种，最后采取新技术进行种植。

经过太空培育的苗木，不仅比一般苗木的体形高大，而

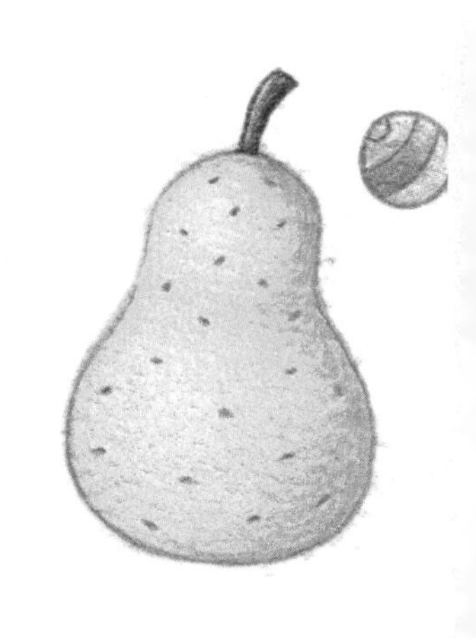

且果实也要大得多，产量和质量也要好得多。当然，除了这些优势之外，太空育种的种子还有稳定性好、早熟、抗病力强等特点。这种集航天技术、生物技术和农业育种为一体的高科技综合技术的实验成功，对农业的发展来说有很大的推动作用。科学家们正着手将这项技术应用于植物，甚至动物等生物领域。然而，太空育种也存在负面的影响，比如尽管在太空中进行育种能够改变种子的基因，但是人们很难控制种子的变异方向，只能任其发展。这些目前无法解决的问题，还需要科学家们继续努力寻找答案。

什么是太空垃圾

人们生活在这个世界上，每天都在制造垃圾。对于垃圾，我们是再熟悉不过了，可是太空中也有垃圾吗？那将会是怎样的垃圾呢？

太空中当然会有垃圾，人类向太空中发射的人造卫星数不胜数，当这些卫星的寿命结束之后，剩下的就只有残骸了，这就是太空垃圾。当然，太空垃圾远远不止这些。

从各种各样的太空垃圾的名称上我们就能够看出，太空垃圾主要来源于几个方面：因寿命缘故自动报废的人造卫星、失控的人造卫星、火箭零部件或者火箭分离时的碎片等以及宇航员在太空中制造的垃圾。虽然它们也是悬浮于宇宙中的尘埃颗粒，但是它们却不同于宇宙中固有的气体尘埃。

从人类涉足太空时起，至今已经发射过 4000 多次的航天运载火箭。有人统计，半径在 5 厘米以上的碎片，太空中就已经发现 9000 多个，半径在 0.6 厘米以下的碎片已经达到数十万个，其他的太空垃圾更是数不胜数。并且，随着科技的进步，人类探索宇宙的步伐也在加快，太空垃圾的数量也在与日俱增，太空垃圾正逐渐受到人们的重视，那么它究竟有什么危害呢？

宇宙中的太空垃圾在以极快的速度做轨道运动，倘若高速运行的太空垃圾与高速运行的航天器相碰撞的话，后果不堪设想。同时，飞行的太空垃圾对于进行舱外活动的宇航员来说，也有着潜在的生命危险。除了这些，一些放射性的残骸还会污染宇宙空间。

看来，任何被称为垃圾的东西都不是好东西。

有在海底建造的天文台吗

我们熟知的天文台大都是建在山上的，毕竟那里有其观测的优势。可是听说有一种特殊的天文台，不是建在高高的山上，而是建在深深的海底，这是为什么呢?

原来，这种特殊的天文台是针对一种新发现的神秘物质而设置的。这种神秘物质叫作中微子，它质量小、不带电，跟其他物质的相互作用非常

微弱，想要观测到它是一件非常困难的事情。因此，尽管科学家们早就猜测到它的存在，仍然花了大约 20 年的时间才捕捉到它。然而，科学家们在对它进行深入的观察时发现，很多新型的望远镜用在它身上似乎都不太管用，奇怪的是，将望远镜安装在水底，反而效果好一点。关于这一点，科学家们给出的解释是：海水和地表的岩石能够阻隔其他粒子的干扰，所以海底的观测效果要好得多。

天文台建在海底就已经很稀奇的了，更稀奇的是望远镜的安装。2000 年 9 月，由英、法、俄、西班牙、荷兰等多个国家共同研发的特殊望远镜终于在 2400 米下的地中海安装成功。整套设备由 13 根深入水中的缆状物构成，每根上面都安装有 20 个足球般大小的探测器，奇怪的是探测器全都是面向海底，而不是指向天空。这一点挺令人称奇的。

你了解天文台的历史吗

从人类诞生的那一刻起，人们就已经对头顶的天空充满好奇，观测天象的意识也是自古就有的。相传上古时期的伏羲氏，就是根据天象来研究阴阳五行的变化规律的；几千年前，埃及的亚历山大大帝就曾为观测天体而建造过天文台。

我国在夏朝时就有了天文台，不过那时候不叫这个名字，而叫清台；商朝的时候，天文台称作神台；周朝的时候称作灵台。至今西安西南还存有周文王时所建造的灵台呢！东汉时期的灵台就更郑重了，它上面有浑仪等仪器。尽管这些天文台的名字听上去似乎有些迷信，但是它们确实为天文学的发展作出了一定的贡献。遗憾的是，这些天文台大都不存在了。

目前世界上保存下来的最完好的天文台是632年于韩国庆州建立的瞻星台，而我国保

存下来的最完整的天文台是河南登封的观星台，它始建于唐朝开元年间，并在元朝时得到完善。

明正统七年（1442 年），在北京建立了一座观星台，清朝时改名为观象台，这座观象台持续工作了近 500 年，到 1929 年才退休。这是世界上观测时间最长的天文台。

如今，紫金山天文台、上海天文台等仍然在为科学作着贡献。